滨海吹填区
素混凝土桩复合地基理论与实践

黄如华　李　栋　主　编

王　健　黄伟洪　罗启添　傅小海　副主编

中国建筑工业出版社

图书在版编目（CIP）数据

滨海吹填区素混凝土桩复合地基理论与实践 / 黄如华，李栋主编；王健等副主编. — 北京：中国建筑工业出版社，2023.9
ISBN 978-7-112-29063-5

Ⅰ. ①滨… Ⅱ. ①黄… ②李… ③王… Ⅲ. ①吹填土—混凝土管桩—复合桩基—地基处理—研究 Ⅳ.
①TU473.1

中国国家版本馆 CIP 数据核字（2023）第 157350 号

责任编辑：刘瑞霞　李静伟
责任校对：张　颖

滨海吹填区素混凝土桩复合地基理论与实践

黄如华　李　栋　主　编

王　健　黄伟洪　罗启添　傅小海　副主编

*

中国建筑工业出版社出版、发行（北京海淀三里河路 9 号）
各地新华书店、建筑书店经销
国排高科（北京）信息技术有限公司制版
建工社（河北）印刷有限公司印刷

*

开本：787 毫米×1092 毫米　1/16　印张：10½　字数：229 千字
2023 年 9 月第一版　　2023 年 9 月第一次印刷
定价：45.00 元
ISBN　978-7-112-29063-5
（41702）

本书编委会

主编单位： 珠海市规划设计研究院

珠海市航空城工程建设有限公司

参编单位： 珠海市建工集团有限公司

中山大学

编　　委：（排名不分先后）

李智文　陈仕文　唐昌意　吕学义　王　虎

刘建坤　肖家勇　吕业锋　彭　斌　刘文献

曹　雄　黄　素　胡　正　汪　旭　黄向平

黎　卿　黄忠福　黄志华　常　丹　杜建成

张　建　李　响　李陆海　党文刚　黄　政

PREFACE / 前　言

在过去几十年间，我国沿海地区城市迅速发展，人口密集导致的土地稀缺问题已成为关注的焦点。为此，一些滨海城市开展吹填围海造陆工程，以缓解土地资源紧张的问题，这些吹填区的软土具有高天然含水率、高孔隙比、高压缩性、低透水性、低力学强度和欠固结等特点，软土地基的处理尤为重要。素混凝土桩复合地基以其施工速度快、承载力较高、地基变形小等诸多优点，得到了广泛应用。

然而，在滨海吹填区深厚软土中大规模应用该技术时，素混凝土桩与软土相互作用机制、既有复合地基受周边环境的影响规律以及存在哪些潜在风险等问题都值得深入探索。本书依托珠海航空城滨海商务区典型的大面积吹填场地，以素混凝土桩复合地基为研究对象，针对基坑开挖、真空预压软基处理、交通荷载和潮水位波动四种滨海地区常见的影响因素，研究不同环境因素对素混凝土桩复合地基产生的影响规律，并以期提出相应防治对策。

本书第 1 章简述了当前滨海吹填区素混凝土桩复合地基的环境影响研究现状，并列举了几个珠海市素混凝土复合地基的应用案例。第 2 章主要从基坑开挖前真空预压处理、开基坑挖的深度、速度、放坡坡比、隔离墙及设置支撑措施下对既有素混凝土桩复合地基的影响规律。第 3 章通过数值模型分析了真空预压场地处理对既有素混凝土桩复合地基的影响规律，并提出了四类影响防治对策，通过数值分析方法评估了各种对策的效果。第 4 章通过数值模拟和试验相结合，研究了不同荷载大小幅值、频率以及循环作用次数作用下以及复合地基设计工况变化时，素混凝土桩复合地基应力分布特征、变形沉降特征。第 5 章基于可考虑渗流-应力耦合的数值模型，分析水位骤升、骤降和潮汐变化三种工况下素混凝土桩复合地基的受力和变形影响规律。第 6 章对这些素混凝土桩复合地基的环境因素影响及其对策进行了总结。

本书是珠海市航空城工程建设有限公司和珠海市规划设计研究院合作项目（珠航建合2020年04993号）的最新成果，是在广东省住房和城乡建设厅科技创新计划项目（2021-K4-021299）、珠海市产学研合作项目（ZH22017001200149PWC）的资助下完成的。

由于笔者水平有限，书中难免存在不足之处，恳请读者予以指正！

CONTENTS / 目 录

第 1 章

绪　论

1.1 概述

随着国家粤港澳大湾区战略的不断推进，公路、机场、港口等基础设施建设进入新一轮快速发展阶段。然而我国南部沿海地区周围广泛分布着海相沉积软黏土层，该土层具有渗透系数很小、压缩性较高、抗剪强度低、含水量高等特点。在这种地基上建造各类建筑物时，由于固结变形会引起沉降过大和不均匀沉降，而且沉降持续时间较长，严重影响建筑物的安全及正常使用。另外，由于此类土强度低，地基的承载力和稳定性也无法满足工程要求，因此需要对其进行地基加固处理。

以珠海为例，海相沉积软土广泛分布，约占珠海陆地总面积的 50%～60%。勘查资料显示，航空产业园二期（图 1.1-1）就是地处典型软土地带，表面吹填软土平均厚度超过 4m，淤泥及淤泥质黏土等软土平均厚度超过 25m，该路段地基承载能力低、压缩性高、含水量大，一般不能满足道路工程建设的要求，为了保证软土地基在道路施工和使用期间有足够的承载力，防止产生过大的工后沉降或不均匀沉降，需要对此类软土地基进行处理。复合地基是这种区域典型的一种道路软土地基处理方式，但是由于软土深厚，桩体一般呈悬浮状态，这给道路未来受环境影响带来了隐患。

图 1.1-1 滨海商务区道航拍图

路侧基坑开挖对既有复合地基影响最大，由于基坑开挖造成路侧卸载，基坑抽水引起路基沉降，从而使复合地基中桩体发生倾斜偏移，引发路面开裂、塌陷甚至断桩等严重病害，严重影响道路运营安全。另一种对复合地基影响较大的因素是路侧场地处理，这是在深厚软土区域路网之间地块开发时最常采用的处理方式之一。软土在负压作用下发生侧向收缩变形并使真空预压区内出现失稳现象，但是这种收缩会引起场地处理边缘水平位移，从而使悬浮式设计的复合地基中的桩体尤其是边桩产生较大的受力和变形，进而引起路面开裂、管线破坏甚至断桩等病害。此外，场地开发时复合地基道路会承受重载交通作用，对于海滨道路还会面临潮水位变化时渗流-应力耦合作用。在珠海地区，已经发生过复合地基道路桩体倾斜、折断、路面开裂、道路起伏、地下管线断裂甚至路堤失稳等多起病害（图 1.1-2），造成了不良社会影响和经济损失，并引起政府部门的关注。

图 1.1-2　复合地基道路环境影响实例（珠海滨海商务区）

因此，本书将针对滨海新近吹填区场地开发的特点和遇到的现实问题，论述路侧大面积软基处理、基坑开挖、重载交通和近海潮水位变化等对既有素混凝土刚性桩复合地基道路的环境影响，提出降低环境影响的对策，保障场地开发期间的道路安全稳定。

1.2　滨海吹填区素混凝土桩复合地基的环境影响研究现状

1.2.1　基坑开挖影响现状

基坑工程的开挖一般会引发周边环境的改变，如地基中应力场的重新分布、周围土体的变形及地下水位的变化。基坑开挖对其邻近既有道路路基造成影响的过程中，其开挖引起变形首先是基坑本身的变形，其次是路基的变形[1-2]。基坑自身变形有三个部分：基坑支护结构的变形、基坑底部隆起变形和基坑边坡的变形。在基坑本身变形之后，处于影响范围内的邻近地表、邻近既有道路以及邻近房屋建筑逐渐发生变形。研究表明，基坑工程在开挖过程中，随其支护方式、开挖深度、地质条件等的不同，其变形会呈现不同的规律，对邻近既有道路也会呈现不同的影响规律[3]。

一般情况下，围护结构后地表土层的变形主要有两种类型[2]：第一类是基坑所处的岩土地质较差，而基坑围护结构嵌固深度较浅，支护结构容易形成绕支护结构底部上部整体往基坑内侧的变形，此时邻近基坑地表竖向变形为三角形沉降；第二类是支护结构所处地质条件较好或者其围护结构嵌固深度较深，出现组合式或者抛物线式变形时，地表竖向变形表现为凹槽形沉降。

在复合地基方面，很多学者都做过一些有益的探索，如杜金龙等[4]通过有限元分析了基坑工程降水开挖过程中，邻近单桩随时间变化的受力变形性状。研究表明，不降水开挖后桩身变形及弯矩会明显减小，而降水开挖后桩身变形和弯矩仍会继续增大，因此地下水渗流对基坑周边的桩基受力变形性状有明显影响。

王连俊[5]以济南西客站某路基断面为研究对象，通过现场监测数据及数值模拟结果对比发现：复合地基受降水影响最大的区域为变桩长区，下卧层受降水的影响小于加固区。

李益斌等通过大量的实时监测数据分析了基坑开挖对周边环境的影响，根据实际监测情况及相关工程经验，总结了减小基坑施工对周边环境影响的措施。方浩等研究了软土地区基坑开挖对邻近高铁路基变形的影响并从影响来源、传播路径和保护对象三个方面出发，研究了增加支撑系统刚度、设置隔离桩和加固路基下地基等相关措施对高铁路基的保护效果。

基坑施工对周围地层的影响会通过土体传递到复合地基的增强体上导致增强体发生变形，根据已有研究[3,6,7]，由此导致的竖向增强体复合地基破坏形式可分为三类：

第一类：复合地基的桩与桩之间的土体首先发生破坏，继而引起复合地基全面破坏；

第二类：复合地基的桩体首先发生破坏，进而引起复合地基全面破坏；

第三类：复合地基的桩与桩间土体同时破坏。

就目前工程经验来看，第一类和第三类破坏形式较为少见，一般都是复合地基的桩体先破坏，进而引起复合地基全面破坏，失去地基承载能力[8-9]。

路基变形尤其是不均匀变形的发展，会引起路面不均匀沉降，从而导致路面的不平整甚至坑槽等。由基坑所引起的既有邻近路基的不均匀变形而导致的路面病害有两种：一种是路面结构性能发生破坏；另一种是路线的功能性衰减甚至破坏，使得道路等级降低。其中路面结构性能破坏形式包括：沥青混凝土路面发生横向或者纵向裂缝，承载力衰减导致有交通荷载时易形成车辙和拥包等，而对于水泥混凝土路面，邻近基坑开挖所引起的路基变形会造成路面板板底脱空，路面板产生横向断裂、纵向断裂、横向纵向交叉裂缝、板间错台、板角破碎等，见图 1.2-1。

图 1.2-1 基坑开挖导致的路面开裂
（素混凝土桩复合地基）

新的基坑开挖必然引起原有建筑地基基础侧向卸荷，引起复合地基 CFG 桩变形和内力改变，从而导致复合地基发生位移。因此，新建基坑支护结构必须保证原有复合地基的安全，克服因基坑开挖导致复合地基变形和内力的影响。值得注意的是复合地基中增强体对土体的加固、约束作用可以在一定程度上降低基坑开挖对周围地层的影响，但现有理论缺乏对该问题的研究。因此有必要详细地研究基坑开挖对素混凝土桩复合地基的影响，以便从理论上寻找控制素混凝土桩复合地基变形控制措施，减小基坑的影响，保证路面的正常使用。

1.2.2 真空预压对环境影响研究现状

真空预压法对周围环境的影响主要表现在两方面：一方面，加固区外土体产生向加固区方向的水平位移而导致周围土体的破坏；另一方面，加固区抽真空施工引起周围地下水下降，周围土体产生不均匀沉降。真空预压影响区的存在正不断得到学者们的广泛关注，多数学者的研究集中在真空预压的影响范围及其防护措施方面。真空预压对周围环境影响的大小不仅与土质、真空度有关，也与隔离墙密封性、真空预压时间等有关，众多学者的研究成果不尽相同。

在真空预压影响范围方面，任延寿等[10]通过对珠海横琴某真空预压加固工程的分析，认为真空预压引起邻近地基的沉降主要影响范围约为边界外25m区域，最大沉降变形约为0.15m，平均约为0.1m。25m之外，沉降变形很小。真空预压引起现有地块侧移的主要影响范围约为真空预压边界外15m，最大侧移为0.035m；在真空预压边界外35m范围内，平均侧移为0.025m。于志强等[11]根据钻孔试验结果，分析了真空预压法加固软土地基时对周围土体性能指标的影响，提出估算加固影响区可能发生变形的经验方法。陈兰云等[12]分析了不同研究深度的沟、不同模量、不同渗透系数的桩以及不同桩长等安全保障措施下真空预压对周围环境影响的效果。艾英钵[13]在广州南沙港区真空预压加固吹填陆域软土地基工程中开展抽真空对周围环境影响的现场试验研究及有限元分析研究，研究表明抽真空对加固区周围土体的影响距离及深度与加固区外的土质条件有关，周围土体的土质条件越好，影响距离及深度越小。陈军红[14]依托天津港集装箱物流中心东区地基处理工程实践，得出"真空预压最大加固深度在20m之内，距加固区边线20m以内区域土体侧向变形较大，10m以内范围地面明显开裂，10m以外区域地面很少开裂，不影响建筑物正常使用"的结论。董志良等[16]结合深圳河综合治理二期工程经验，指出"真空预压对周边环境影响范围可达40m以上，距加固边界8m处侧向位移超过33cm，影响深度超过14m"。蔡南树等[15]通过分析广州南沙港区二期工程软基处理工程监测结果，认为真空预压影响范围达38～41m，对周边最大影响深度达24m。

在真空预压防护措施方面，李牧野[17]分析了邻近真空预压的PHC管桩的响应，研究了桩的变形特性，并指出将单桩与地基梁连接，能够最大程度上降低抽真空对桩基移动带来的影响。艾英钵等[18]结合某真空预压加固软基工程中出现的邻近建筑物拉裂问题，进行了真空预压对周围土体变形影响及减小其影响的防护措施的现场试验研究。金小荣等[19]通过试验研究发现从加固区外地下水位、侧向变形和地表沉降变化看，真空联合堆载预压试验的影响区为地基处理边线外12.5m；同时还分析了采用水泥搅拌桩隔离、开挖应力释放沟和采用树根桩托换技术三类防治方法对减小周围土体变形的作用。艾英钵等[18]结合广州南沙港区软基加固试验，在加固区边缘打设高压旋喷桩、格栅型水泥搅拌桩，实测结果表明由于格栅型搅拌桩整体刚度大、自重大，比单排旋喷桩的防护效果好。蔡南树[15]在影响区内插设塑料排水板，使土体形成透气的通道，将大幅度削减抽真空度向影响区的传递，使影响区土体受到的地表沉降和表层侧向位移降低约 2/3，深层侧向位移降低约 1/3。袁枚[20]在加固区外 1m 处设置不同深度应力释放沟，随着应力释放沟的深度增加，影响区的土体侧向变形减小；当应力释放沟深度为 3~4m 时，土体的侧向位移减少 30%以上。方庆国[21]结合杭浦高速真空预压试验段，根据真空预压加固机理对真空预压加固区内的桥桩进行监测分析，总结了水平位移、表面沉降以及桥桩位移的变化规律。

目前，针对真空预压对既有复合地基环境影响的研究鲜有报道。在滨海软土区的开发多采用先修路再地块建设的模式，素混凝土桩作为一种复合地基在滨海软土区已被较多地采用。素混凝土桩可以认为是桩身材料未添加粉煤灰的 CFG（水泥粉煤灰碎石）桩，两者的性状和设计是相互适用的。《建筑地基处理技术规范》JGJ 79—2012[22]规定：CFG 桩复合地基用于淤泥质土时应按地区经验或者通过现场试验确定其适用性，且应该选择承载力和压缩模量相对较高的土层作为桩端持力层。然而珠海等滨海城市存在深厚滨海相软土，部分区域深度最大达到 67.4m[23]，使用素混凝土桩复合地基作为道路地基处理方式时，通常采用"悬浮桩"设计，而路侧地块开发时则多采用真空预压进行场地处理。在真空预压作用下，悬浮式设计的素混凝土桩易产生较大的受力和变形。混凝土桩抗弯能力不足时，复合地基存在断桩的风险。

尽管周边环境对既有复合地基影响的相关研究已经取得了一些成果[24-28]，并提出了相应的一些对策，但大多研究针对的都是较为常规场地质条件的，对于采用悬浮桩设计的深厚软土区，路侧真空预压对软土区素混凝土桩复合地基带来的不利影响及防治方法值得进一步研究。

1.2.3 交通荷载对素混凝土桩复合地基影响研究现状

位于滨海吹填土地区的市政工程，吹填土力学性质较为特殊，复合地基受到路堤自身的静载作用和车辆循环反复荷载的耦合作用，现有对软土地区刚性桩复合地基的影响研究较少，了解掌握得不够深入，不合理的施工设计导致工程建设困难甚至事故的报道屡见不鲜。长期交通荷载尤其是重载交通荷载对已建成素混凝土复合地基道路产生连续性碾压，引发道路承载力发生积累性塑性损伤和过大变形，最终容易诱发桩体倾斜、折断、路面开裂、道路起伏、地下管线断裂甚至路堤失稳等病害，对复合地基工作性能造成了不可忽略的影响。

交通荷载由两部分组成，一是汽车自身振动引起的荷载，二是公路路面不平整导致车辆上下颠簸引起的荷载。邓学钧[29]认为，汽车交通荷载具有两个特征：一是荷载位置随时间改变；二是荷载大小随时间改变。对于车辆荷载位置随时间改变的特征，邓学钧假定车辆以匀速v沿着x轴运动；对于车辆荷载大小随时间改变的特征,利用 Dirac 函数和 Heaviside

阶跃函数将车辆荷载分为突发荷载和稳定荷载。按照轮胎与路面的接触形式，车辆交通荷载又可以分为点荷载、线荷载和面荷载。综合考虑车辆荷载特征与接触形式，车辆交通荷载大致分为：移动恒定荷载、稳态谐和荷载、冲击荷载、随机无规律荷载。

1．交通荷载下复合地基影响理论研究现状

目前，对于循环荷载下复合地基的理论研究多停留于未加固地基和单一加固形式复合地基。吕玺琳等[30]综合考虑了循环荷载下软土地基的塑性变形及孔压消散过程，推导出循环荷载下复合地基沉降与荷载循环次数的关系；陈仁朋等[31]通过足尺物理模型试验研究了动、静荷载作用下的应力传递特性以及长期列车荷载作用下的路基累积沉降规律；贺林林等[32]基于蠕变理论提出了循环荷载下饱和软黏土累积变形的拟静力简化计算方法，结果显示在循环荷载水平较低的情况下，随着循环荷载作用次数的增加，地基结构变形值趋于稳定。在循环荷载水平较大的情况下，随着循环荷载作用次数的增加，结构循环累积变形加速增长使地基结构趋于破坏；严敏等[33]基于 Mindlin 板理论和层状弹性地基模型，得到了循环荷载下桩、土、桩帽共同作用的沉降分析方法，结果表明循环往复荷载作用下层状地基中单桩-土-桩帽的整体刚度逐渐增大且趋于稳定值。

2．交通荷载下地基试验研究现状

Van Eekelen 等[34]基于现场试验研究了循环荷载对路堤中土拱效应的影响。Le Blanc 等[35]推导了室内模型桩与现场原型桩间的比例尺对应关系，并开展了一系列不同密实度的砂土地基中刚性桩循环加载试验，建立了桩基累积变形和卸载刚度的关系式。Hyod 和 Yasuhara[36]通过现场试验监测结果，研究了高速公路车辆荷载的特性，将 10t 重的卡车以静止状态、10km/h、20km/h、35km/h 不同速度在高速公路的试验道路上往返运动，测得卡车荷载作用下不同深度地基的竖向土压力。结果表明，高速公路车辆竖向土压力的分布类似于半正弦函数。与此同时，还得到了模拟车速与荷载加载时间的关系。

赵莹等[37]以沪宁城际铁路工程为背景，选取某一路段进行变形监测，通过分析变形监测数据得到了路基动力响应及累积塑性变形受列车荷载影响的变化规律，并认为引起运营期铁路路基沉降较大的主要原因之一是列车动载，地基的累积变形随循环加载次数增加而变大。

朱斌等[38]通过足尺模型试验分析了循环荷载下桩承复合地基承载力和沉降的变化规律，试验结果表明循环荷载作用下地基土中应力沿着深度的分布形式同静荷载作用下相似。

白顺果[39]对桩承复合地基沉降的试验研究结果表明，循环荷载下下卧层土体性质对复合地基沉降的影响大于桩的置换率大于桩体刚度。

刘杰等[40]通过室内模型试验，研究了循环应力比和循环次数对圆柱形桩和楔形桩两种群桩复合地基的桩-土应力比、永久沉降的作用规律以及桩土应力比随加载次数的规律，研

究结果表明楔形桩的加固效果比圆形桩好。

张崇磊等[41]通过循环荷载下桩承加筋路基模型试验分析了循环荷载大小、循环次数及加载频率对复合地基土工格栅应变的影响。结果表明，复合地基土工格栅应变受循环荷载条件影响显著。

胡娟等[42]对循环荷载下桩承式复合地基模型试验的研究表明，桩承式复合地基的承载性能随循环次数增加而增大。

3. 交通荷载下复合地基数值研究现状

郭鹏飞[43]在循环竖向荷载作用下，通过室内模型试验研究了桩顶位移和循环位移幅值随循环次数的演化规律，发现桩顶位移随循环次数的增大而增大，但会逐渐趋于稳定。

魏星[44]等基于对以往试验规律的分析，提出了一个较为合理的描述软土在长期重复荷载作用下残余变形发展过程的经验模型。通过对上海软土的循环三轴试验的模拟，初步验证了模型的合理性并将提出的模型用于计算各土层的残余应变，并沿深度对应变积分得到沉降。

李西斌等[45-46]采用有限元方法研究在高速列车荷载作用下桩承式加筋路堤的应力变化规律，研究结果表明高速列车荷载作用下桩承加筋路堤各部分的应力变化频率与荷载变化频率一致，桩应力随桩的弹性模量增大而增大，随土的变形模量和桩间距增大而减小；桩间土应力随桩的弹性模量增大而减小，随土的变形模量和桩间距的增大而增大。

张锋等[47]对季冻区路基在长期交通荷载下的塑性变形特性进行研究，发现正常期路基的应力比随着埋深的增加逐渐减小；路基内的应力比和永久变形随后轴重和路基冻融影响厚度的增加而显著增大；行车速度越低，路基内应力比和永久变形越大。

梅英宝等[48]基于孔隙水压力对软土地基有效应力的影响，通过数值模拟研究了循环荷载作用下软弱路基的沉降变化规律，并提出了交通荷载引起软土地基中的塑性变形在临界影响深度下会急剧减小。

赖汉江等[49]在桩承式路堤模型试验的基础上进行了离散元分析，研究了循环荷载下的路堤沉降及荷载传递机制，研究表明在循环荷载作用下，低填方路堤中土拱结构的承载力先逐渐弱化并最终趋于稳定；同时，土拱结构的弱化将不断加剧路堤表面的不均匀沉降。

左殿军等[50]通过数值模拟分析了车辆荷载和波浪荷载共同作用下的桩基承载性能，发现在竖向和水平向双向循环荷载作用下，基桩受力重新分布，桩身轴力逐渐变大，侧摩阻力减小；循环周期对基桩受荷分布产生较大影响，随着循环周期的变大，基桩受荷分布逐渐调整，前、后排桩桩身轴力逐渐变大，中排桩桩身轴力减小，排桩侧摩阻力均减小。

马霄等[51]对循环荷载下路基累积沉降的数值模拟表明，路堤最大塑性变形位于荷载边界处且最大沉降在路面中心附近。

综上所述，经过国内外众多学者的努力，对动载作用下复合地基进行了一定程度的研究，但仍存在素混凝土刚性桩复合地基长期变形机理和控制方法等治理现役公路沉降病害亟需解决但又远未解决的技术难题。为解决这些技术难题，有必要针对现役素混凝土刚性桩复合地基沉降病害的特点和现状，深入研究地基在路堤荷载、交通荷载等作用下的荷载传递机理，揭示软土地基长期变形机理，并在此基础上提出对现役素混凝土刚性桩复合地基长期沉降预测的方法。

1.2.4　潮水位变化对素混凝土桩复合地基影响研究现状

循环往复的潮汐变化是独特的海洋自然景观，潮水位变化会引起近岸工程地下水渗流，从而对周围环境造成直接影响。尤其在极端的台风海啸下，潮水位变化引起近岸工程地下水发生剧烈渗流，滨海地基地下水位可能发生突变。由此对周围环境产生的最直接影响就是地表沉降、水土流失，进而引起既有建（构）筑物、管线等随之下沉、滑移、变形甚至破坏，引起灾难性后果。譬如，广东省是我国遭受台风影响最为频繁和严重的地区之一。2017 年 8 月 23 日，台风"天鸽"在珠海市沿海地带登陆，是 53 年来对港、珠、澳地区影响最大的台风，共造成 26 人死亡，经济损失超过 43 亿美元[52-53]。

有关潮汐引起的滨海地下水位变化规律，国内外许多学者开展了研究。付丛生等[54]采用互相关分析、谱分析、Mallat 分解重构算法等理论与方法，利用实测的潮汐数据和观测井水位并结合实测的电导数据，统计计算了广东省珠海市唐家镇附近滨海含水层地下水水位波动，分析了原因以及波动的相位、周期、振幅对海潮潮汐的响应。周训等[55]建立趋势项与周期项之和的数学模型来描述水位的实际变化，用线性函数拟合其趋势项，用傅立叶级数拟合其周期项，用频谱分析和最小二乘法确定周期项函数，用实测水位和计算水位的误差平方和检验拟合结果；其所建立的数学模型可用来对海潮和岸边地下水位变化进行预测，总体上能较好地反映实测水位的变化特点。苏乔等[56]通过谱分析认为莱州湾南岸地下水位同潮位共同存在 12h 和 24h 两个主要周期，采用傅立叶变化与去趋势分析结合的方法提取出地下水位中受潮汐影响的频率成分，并利用自相关分析方法对处理后的地下水位数据与潮位数据进行对比分析，发现通过去除长期趋势和提取频率的方法可有效提取冬季地下水位中受潮汐作用影响的因素。王立忠[57]基于大型波浪水槽试验，探讨了波浪水动力对塘体的作用力以及波浪—塘体—地基之间的相互作用。试验结果证明在不同周期和波高的组合条件下，海塘的动力响应不同。何岩雨[58]采用野外观测和室内分析相结合的方法，对自然海滩潮汐动态作用下的风沙运动过程展开研究，获得"潮汐—海滩—海岸沙丘"海陆气一体化的水沙与陆沙相互作用模式规律。其研究结果表明，受潮汐涨落干湿交替作用，海滩风沙呈不同于内陆风沙的独特的垂直分布和起动、运动、搬运特性。王超月[59]以莱州湾东岸典型砂质海滩为例，重点研究潮间带含水层在潮汐以及海浪作用下地下水动态，分析地下水水头、流速以及溶质（盐分）的时空分布特征，识别潮汐、海浪对潮间带地下水动态的影响机制，评估潮间带界面上海水—地下水交换量，区分海底地下水排泄量中地下淡水排泄量及海水循环量。

在解析计算方面，从 Jacob 给出首个海岸带承压含水层在简单正弦潮汐波动下地下水水头波动的解析公式以来，研究者们推导了很多解析解用来描述各种海岸带含水层系统在潮汐作用下地下水水位或者水头的波动[63]。Xia 等[64]的解析解描述了有越流的承压含水层系统，承压含水层向海底延伸一定长度并且末端被一层沉积物覆盖。Trefry 等[65]利用随机扰动的方法给出各向异性含水层在周期应力下，渗透系数与地下水波动的关系。Dong 等[66]基于观测的海水水位中含有非周期的波动成分，运用傅立叶变换的方法推导了海水任意波动形式下单一承压含水层中地下水的波动。

随着计算机技术的发展，数值方法常用来模拟各种复杂条件下的地下水波动、流场以及溶质（盐分等）运移，并且适用于各种尺度的研究。根据边界条件的差异，可将数值模型分为海水位静止模型、潮汐波动模型以及海浪波动模型。不考虑海水位波动的数值模拟是其他复杂模型的基础，往往作为标准进行研究。其对于揭示含水层客观规律至今依然具有重要意义，如对流弥散机制、咸淡水混合区形态、海底地下水排泄组成等，并且在一些大尺度的数值模拟中更加便利。单慧洁[69]通过构建潮汐潮流数值模型，利用工程前后监测资料的对比和数值模拟两种方法，对温州沿海建设工程海洋环境潮流运动叠加影响进行分析和评价，结果表明温州海域围填海工程对其周边的海域潮流运动的叠加影响不显著。陈娟等[70]从 Boussinesq 方程出发，考虑浸润面影响，建立基于有限差分法的滨海地区一维地下水运动数值模型，通过将潮汐运动概化为正弦波，模拟滨海地区地下水水位随潮汐波动的变化，得出地下水水位波动相对于潮汐波动来说具有不对称性、振幅衰减以及相位滞后等特征，通过比较受潮汐影响的地下水平均水位与不考虑潮汐影响的地下水水位发现，实际的地下水平均水位要高于未考虑潮汐影响的地下水水位。

潮汐不仅会影响海水入侵程度，更重要的是在潮汐作用下，含水层中地下水动态性增强。Li 和 Boufadel[67]通过对阿拉斯加威廉王子海湾的砾石海滩进行数值模拟研究，证实了沙滩的双层水力结构是造成漏油污染长期滞留的主要原因。Xia 和 Li[68]结合中国海南东寨港自然保护区潮间带野外监测以及数值模拟，证实了含水层具有泥沙双层结构，并且明确了影响植物分带的关键因素。

潮汐引起的地下水位变化给近岸工程结构物带来极大的安全隐患。海水的涨潮和落潮可以看作海水重复的加卸载行为，很多学者认为对于较为规律的潮汐作用，可以将其看作周期性的循环荷载来研究。在此假设条件下，向先超等[71]对潮汐作用下淤泥路基的固结行为进行了有限元的数值模拟，分析了潮汐通过排水层进入淤泥路基顶面，对淤泥路基的排水固结过程产生重要影响。

陈从睿[72]以厦门某海堤开口改造工程为依托，利用数值分析和现场监测两种手段研究了围堰和支护结构在潮汐作用下的应力和变形，结果表明，围堰和支护结构在开挖时会受到海水压力的影响，当潮水高差达到 4m 时，围堰结构发生不可逆塑性变形。

寇强[73]依托山东国际航运中心 A1 地块深大基坑，以实际工程中渗流场两边现实可测的水头随时间变化数据作为边界条件，简化物理模型，建立滨海地区渗流场的渗流方程，利用 MATLAB 软件编程进行有限差分数值计算，得出渗流场随时空变化特性，进而揭示滨海潮汐动力作用下的深大基坑渗流场演化特征；利用求解的渗流场时空演化特征模型，选取时空对应的渗流场数据导入 FLAC3D 软件内，采用不同的基坑支护方案建立模型进行力学求解，纵向分析滨海渗流场对开挖过程中各种工况下基坑支护结构的影响规律，横向对比分析得到更优化的基坑支护方式。

朱子睿等[74]研究暗埋段道路基坑工程发现，随着潮汐水位升降变化，支护结构水平位移变化量逐渐增加，呈现出累积特点；水平位移变化量随着埋深增加而增大，即基坑底部位移量高于顶部，且基坑主动侧水平位移变化量大于被动侧；潮汐作用越强（波动幅度大、波动周期短），对应水平位移变化量越大。

詹书瑞等[75]为解决海域公路施工过程中受潮汐影响大的难题，依托 526 国道岱山段改建工程，海域路基施工采用土石围堰隔离海水，在堰体上利用土工膜和闭气土（海积淤泥质黏土）进行组合防渗处理，取得了良好的控制潮汐影响的效果。

王文良等[76]通过室内模型试验研究地下水位上升对群桩基础内力和变形的影响，得出的主要结论为：桩端阻及侧阻在水位上升过程中快速、明显的下降，导致基础沉降迅速增大，影响建（构）筑物的安全使用。

综上所述，在潮汐及强风暴潮作用下，滨海软土地基地下水位易发生突变，可能诱发地基整体沉降及素混凝土桩发生破坏。滨海吹填区软弱地基土普遍存在高含水率、低强度和低承载力等特点，若复合地基防灾控制不当，可能会严重影响滨海道路运营安全。目前，关于潮水位变化对近岸基坑安全影响的研究较多，但对潮汐作用或风暴潮作用下诱发地下水位变化对素混凝土桩复合地基的影响鲜有研究，影响机理也还未探明。

1.3 珠海市素混凝土桩（CFG 桩）应用案例

1.3.1 珠海市素混凝土桩（CFG 桩）应用案例

1. 斗门区水郡二路 CFG 桩

2009 年，珠海市斗门区水郡二路软基处理工程中采用 CFG 桩，据调查这是珠海市在道路软基处理中最早采用素混凝土桩（CFG 桩）的案例之一。

（1）工程概况

水郡路道路工程位于珠海市斗门区新青片区珠峰大道南侧，道路北接珠峰大道，南临黄杨河，场地东西两侧分布有五福涌与禾丰涌两条现状河涌，道路等级为主干路，设计长度 1866.15m，路幅宽度 40m，水泥混凝土路面。K0＋375～K0＋409.295 段为与现状里埃维拉禾丰涌桥相交路段，为减小对现状桥梁的影响，在此范围采用 CFG 桩复合地基处理道路地基，路基容许工后沉降要求不大于 20cm。

（2）地勘资料

水郡路道路沿线原为耕地，现已填土整平，地面较平坦，相对高差最大约 1m。道路拟建沿线最主要的不良地质是广泛分布厚度大的淤泥软弱土层，为典型的软土路基。淤泥以深灰色为主，质较纯，手捏滑腻，污手，普遍含少量粉细砂和贝壳碎片，饱和，流塑。道路沿线均有淤泥分布，厚度大，为 9.70～41.60m。CFG 桩范围土的物理力学性质指标见表 1.3-1。

CFG 桩范围土的物理力学性质指标 表 1.3-1

厚度/m	土质分类	土的承载力特征值/kPa	含水率/%	天然重度/（kN/m²）	孔隙比	液限/%	塑限/%	压塑模量/MPa
4.8	素填土	90	21.6	17.1	0.892	36.9	19.5	4.12
25.2	淤泥	40	54.5	16.2	1.596	46.7	24.2	1.93
2.9	粉质黏土	140	29.1	18.4	0.871	39.0	23.3	4.23

（3）CFG 桩设计

CFG 桩按梅花形布置，平均桩长 28.5m，直径为 40cm，横向一般间距为 1.8m，雨水管与污水管线间桩横向间距为 1.875m，纵向间距均为 1.56m，桩身混凝土强度等级为 C15，采用强度等级不低于 42.5 的普通硅酸盐水泥，桩顶碎石垫层厚 40cm，宽出最外一排桩各 0.5m（图 1.3-1）。碎石垫层顶部及底部各铺设 1 层双向土工格栅，土工格栅采用 TGSG40-40。设计桩单桩承载力设计值＞350kN，桩底必须进入持力层≥1.5m，复合地基承载力 100kPa，工后沉降设计值小于 30cm（15 年）。CFG 桩采用长螺旋钻孔中心压灌成桩工艺，桩身坍落度为 160～200mm。

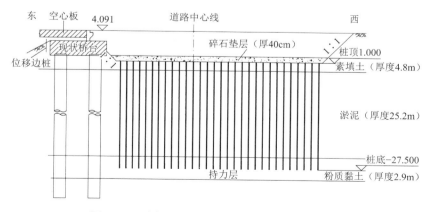

图 1.3-1 斗门区水郡二路 CFG 桩横断面布置图

2. 高新区半岛二路 CFG 桩

（1）工程概况

半岛二路位于珠海市唐家湾地区东部，为情侣北路（南段）片区内部的市政道路工程，起点接情侣路，终点止于玉海路，道路等级为城市支路，道路长度305m，路幅宽18m，沥青混凝土路面。由于道路位于正在施工的格力地块，为减少软基处理对地块的影响，软基处理设计方案选用 CFG 复合地基。

（2）地勘资料

拟建项目现状场地为人工填海地块，场地已进行了平整，平均高度为 2～3.4m。在地貌上，场地原始地貌单元为海陆交互相沉积地貌。根据本项目工程地质钻孔资料显示，拟建道路范围的地层自上而下为：

①填筑土层。表层 2m 主要由黏性土不均匀混少量碎石组成，局部由淤泥质夹少量植物根系组成，局部地段为花岗岩碎块石夹黏性土组成，块石粒径一般为 10～40cm，最大粒径达 1m 以上，块石局部埋深较大且分布无规律，底部多由中粗砂不均匀混贝壳碎片及淤泥质等组成。该层系新近堆填而成，密实程度不均匀，结构呈松散状态，层厚 0.3～13m。

②淤泥层。局部含少量粗砂，局部呈夹薄层粗砂状，具臭味，呈饱和、流塑状态。层底埋藏深度介于 3～29m，揭露厚度 0.5～19m。

③粗砂层。砂粒以石英质粗砂为主，普遍含淤泥质，淤泥质含量约40%，局部含少量贝壳碎片。

④黏土层。主要成分为黏粒，含粗砂约 30%，局部呈夹薄层粗砂状。

⑤砾砂层。砂粒以石英质砾砂为主，一般含约 15%的黏性土，局部黏性土含量达 40%。

⑥砾质黏性土层。揭露厚度 1.3～5.5m，层厚不详。

⑦下伏为燕山期花岗岩风化带。

拟建道路场地内各地层的工程特性指标建议值见表1.3-2。

高新区半岛二路各地层工程特性指标建议值　　　　表 1.3-2

岩土名称及编号	承载力基本允许值 $[f_{a0}]$/kPa	压缩模量 E_s/MPa	变形模量 E_0/MPa	抗剪强度				天然重度 γ/（kN/m³）	渗透系数 $K_{20℃}$/（cm/s）
				直接快剪		固结快剪			
				内摩擦角 φ/°	黏聚力 c/kPa	内摩擦角 φ/°	黏聚力 c/kPa		
①填筑土	尚未完成自重固结							18.0	$3×10^{-4}$
②₁淤泥	50	1.9		3.2	4	9.0	10	16.1	$3×10^{-7}$
②₂粗砂	90		10	20.0				17.0	$2×10^{-3}$
②₃黏土	160	5.3		11.8	27			19.1	$4×10^{-6}$
②₄砾砂	180		35	32.0				19.5	$5×10^{-2}$
③砾质黏性土	220	6.0		21.1	25			18.6	$4×10^{-6}$

岩土名称及编号	承载力基本允许值 $[f_{a0}]$/kPa	压缩模量 E_s/MPa	变形模量 E_0/MPa	抗剪强度				天然重度 γ/（kN/m³）	渗透系数 $K_{20℃}$/（cm/s）
				直接快剪		固结快剪			
				内摩擦角 φ/°	黏聚力 c/kPa	内摩擦角 φ/°	黏聚力 c/kPa		
④₁全风化花岗岩	350	100		22.0	38			20.0	6×10^{-5}
④₂强风化花岗岩	500	150		25.0	45			21.0	5×10^{-5}
④₃中风化花岗岩	3000								

（3）CFG 桩设计施工

设计的 CFG 桩桩身混凝土强度等级为 C15，采用不低于 42.5R 的普通硅酸盐水泥，桩径 40cm，桩间距 1.8m，梅花形布置，要求桩底进入持力层不小于 1.5m，工后沉降设计值 ≤50cm。采用长螺旋钻孔、管内泵压混合料成桩工艺，桩身坍落度为 160～200mm。高新区半岛二路 CFG 桩横断面布置，纵断面布置见图 1.3-2、图 1.3-3。

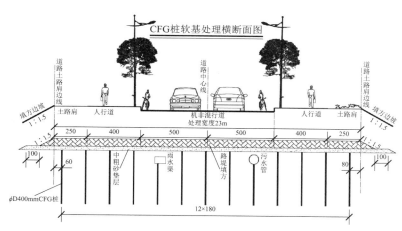

图 1.3-2　高新区半岛二路 CFG 桩横断面布置图

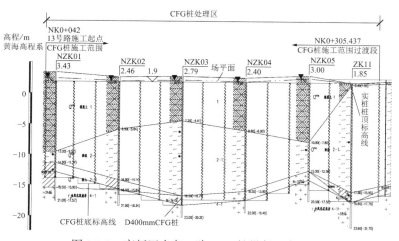

图 1.3-3　高新区半岛二路 CFG 桩纵断面布置图

（4）现场效果图

半岛二路，2013年底竣工至今，路面平整，详见图1.3-4。

图1.3-4　半岛二路实景图

3．春元路素混凝土桩

（1）工程概况

春元路位于珠海市金湾区生物医药工业园，城市支路，双向2车道，路幅宽18m，混凝土路面。设计名称为南湾路西段，素混凝土桩处理范围起于机场西路，止于规划一路，处理长度330.6m。

（2）地质勘察资料

场地地貌属滨海沉积平原和丘陵两个类型。大部分地段已填土平整，局部有鱼塘分布，地势总体相对平坦开阔，起伏不大。

本次钻探揭露岩土层分为人工填土层（Q_4^{ml}）、第四系海陆交互相沉积层（Q_4^{mc}）、残积层（Q^{el}）、寒武系长石石英砂岩（ε），按地质年代和成因类型划分自上而下为：

①人工填土层（Q_4^{ml}）

①$_1$填筑土

呈灰黄色、黄褐色，由砂岩风化土、石英砂及碎、块石组成，局部块石含量较多，松散—稍压实，稍湿—湿。块石粒径0.15～1m，含石率30%～60%。填筑土在该层场地内分布广，场内共88个钻孔揭露到该层，揭露层厚为0.5～6.5m，平均2.96m。

①$_2$块石

呈灰黄色、灰色、紫红色等，主要由砂岩碎、块石回填而成，混少量黏性土及砂粒，稍压实。局部呈松散状态，整体欠固结。在该层场地内分布少，场内仅8个钻孔揭露到该层，揭露层厚为2～5.3m，平均4.01m。

②海陆交互相沉积层（Q_4^{mc}）

②$_1$淤泥

呈灰黑色，以流塑为主，饱和，具腥味臭。主要成分为黏粒，含腐殖质及少量贝壳碎屑。干强度中等，韧性低。在该层场地内分布广泛，除 GHHW4～GHHW6、GHY13、NWX9、ZK16～ZK20 孔外其他钻孔均揭露到该层，揭露层厚 1.8～23.4m，平均 13.03m。

②₂ 淤泥质土

呈灰褐色，湿，流塑，主要由黏粒组成，局部夹少量粗砂。含腐殖质及贝壳碎屑，具腥味臭。在该层场地内分布较广，场内共 82 个钻孔揭露到该层，揭露层厚为 0.8～17.7m，平均 7.12m。

②₃ 粉质黏土

呈褐黄、灰褐色，软塑—可塑，湿。成分以黏粒为主，粉粒为次，黏性一般—较好。土质较均匀—不均匀，局部含较多砾、粗粒。在该层场地内分布一般，场内共 56 个钻孔揭露到该层，揭露层厚为 1.3～14m，平均 5.15m。

②₄ 粗砂

呈褐黄、灰白色，饱和，松散—稍密为主，颗粒矿物成分主要为石英，次棱角状，分选性一般，含黏粒，夹薄层黏性土。在该层场地内分布较少，场内共 24 个钻孔揭露到该层，揭露层厚为 1.1～11.7m，平均 4.58m；层底面标高 −31.82～−18.71m。

③ 残积层（Q^{el}）

为砂质黏性土，呈灰黄色、褐黄色，湿—饱和，可塑—硬塑，原岩结构依稀可辨，矿物成分除石英外均风化成土，遇水易软化。在该层场地内分布一般，场内共 58 个钻孔揭露到该层，揭露层厚为 0.8～21.7m，平均 7.41m。

④ 寒武系长石石英砂岩（ε）

④₁ 全风化砂岩

呈褐黄、灰黄色等，湿，硬塑状，原岩结构可辨，矿物成分除石英外均风化成土，岩芯呈土柱状。岩石坚硬程度为极软岩，岩体完整程度极破碎，岩体基本质量等级为 V 类。在该层场地内分布较广，勘探深度范围内共 71 个钻孔揭露到该层，揭露层厚为 0.6～17.6m，平均 4.38m。

④₂ 强风化砂岩

呈灰黄、灰褐色等，很湿，硬塑—坚硬状，原岩细粒结构清晰，节理裂隙极发育，岩芯呈半岩半土状，局部夹有中风化岩碎块。岩石坚硬程度为软岩，岩体完整程度破碎，岩体基本质量等级为 IV 类。勘探深度范围内共 29 个钻孔揭露到该层，揭露层厚为 0.5～16.2m，平均 5.59m。

④₃ 中风化砂岩

呈灰黄、灰褐色等，细粒结构，块状构造，岩芯大部分呈碎块状、少数呈短柱状，锤击易碎，裂隙发育。属坚硬岩，岩体完整程度为较完整，岩体基本质量等级为 Ⅲ 级。勘探深度范围内共 9 个钻孔揭露到该层，揭露层厚为 1.5～6m，平均 4.82m。

春元路各地层工程特性指标建议值见表 1.3-3。

春元路各地层工程特性指标建议值　　　　　　　　　　表 1.3-3

岩土名称及编号	地基承载力基本容许值 $[f_{ao}]$/kPa	压缩模量 E_s/MPa	变形模量 E_0/MPa	抗剪强度（直接快剪）		天然重度 γ/（kN/m³）	基底摩擦系数/μ	水泥土搅拌桩侧阻力特征值/kPa	CFG 桩侧阻力特征值 q_{sa}/kPa
				内摩擦角 φ_k/°	黏聚力 c_k/kPa				
①填筑土	尚未完成自重固结					19.0		10	12
②₁淤泥	45	1.56		2.4	3.1	15.2		6	7
②₂粉质黏土	150	3.87		17.1	21.5	17.8	0.25	15	28
②₃中砂	150		17.8	26.6	0	20.1	0.30	10	9
③₁全风化粉砂岩	280		70				0.40		50
③₂强风化粉砂岩	450		90						80
③₃中风化粉砂岩	1500								

（3）素混凝土桩设计

本设计素混凝土桩采用 C15 混凝土和不低于 42.5R 的普通硅酸盐水泥，桩径 400mm，正三角形布桩，桩距 1.7m×1.7m，为保证桩间土与桩更好地分担荷载，在桩顶铺设 0.4m 厚褥垫层及 1 层土工格室，单桩承载力设计值为 150kN，复合地基承载力设计值为 100kPa。采用振动沉管灌注成桩工艺，混凝土坍落度为 30～50mm。春元路 CFG 桩横断面和平面布置见图 1.3-5。

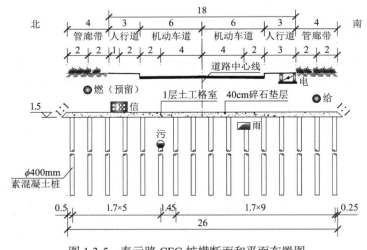

图 1.3-5　春元路 CFG 桩横断面和平面布置图

（4）质量检验

①施工质量检验主要应检查施工记录、混合料坍落度、桩数、桩位偏差、褥垫层厚度、夯填度和桩体试块抗压强度等。

②素混凝土桩地基竣工验收时，承载力检验应采用复合地基载荷试验。素混凝土桩地

基检验应在桩身强度满足试验荷载条件时，并宜在施工结束 28d 后进行。试验数量宜为总桩数的 0.5%～1%，且每个单体工程的试验数量不应少于 3 点。

③应抽取不少于总桩数 10% 的桩进行低应变动力试验，检测桩身完整性。

（5）现场效果图

春元路 2020 年竣工至今，路面平整，详见图 1.3-6。

图 1.3-6　春元路实景图

4．西堤路南延段素混凝土桩

（1）工程概况

西堤路南延段新建工程位于珠海市斗门区新青片区，等级为城市次干路，双向 4 车道，单幅路，道路红线宽度 24m。西堤路南延段北起于现状西堤路，设计起点桩号 K0＋000，沿黄杨河西岸，南至规划中兴南路，设计终点桩号为 K2＋391.75，道路设计总长 2391.75m，沥青混凝土路面。

（2）地勘资料

本次勘察在勘探深度范围内揭露的地层自上而下为：人工填筑土（Q^{ml}）、第四系海陆交互相沉积（Q^{mc}）淤泥、粉质黏土、淤泥质黏土及粗砂、燕山期花岗岩残积（Q^{el}）砂质黏性土。

场地内发育的地层按自上而下的顺序依次描述如下：

①人工填筑土（Q^{ml}）

呈杂色，松散，稍湿。主要由黏性土、碎石块、块石、水泥块等组成，上部含少量植物根茎，局部区域含较多块石，密实度不均匀。层厚 2～10.3m，平均厚度 4.7m，该层场地内均有分布。

②第四系海陆交互相沉积（Q^{mc}）

②$_1$淤泥：呈深灰、灰黑色，饱和、流塑状态。含少量有机质，有滑腻感，有泥臭味，局部夹少量贝壳碎片以及10%左右的石英砂粒。层厚11.1～27.2m，平均厚度19.56m，该层场地内均有分布。

②$_2$粉质黏土：呈褐黄色、褐红色、深灰色、灰白色，饱和、可塑—硬塑，以可塑状为主，含少量砂粒。无摇振反应，光泽反应光滑，干强度高，韧性中等。层厚0.9～6.9m，平均厚度2.87m，在该层场地内普遍分布。

②$_3$淤泥质黏土：灰黑色，有腐臭味，湿度饱和，流塑状，含少量腐殖质、砂及碎贝壳。层厚1.1～18.7m，平均厚度9.49m，在该层场地内普遍分布。

②$_4$粗砂：呈褐黄、灰黄色、灰白色，饱和，中密。主要成分为石英质，黏粒含量10%左右，局部地段夹薄层砾砂或中砂。

③燕山期花岗岩残积（Q^{el}）砂质黏性土

呈褐黄、褐红、灰白等色，饱和、硬塑。由花岗岩残积而成，粒径大于2mm的石英颗粒含量小于20%，局部大于20%。组织结构全部破坏，原岩结构清晰可辨，已风化成土状，干钻易钻进。

西堤路南延段各地层工程特性指标建议值见表1.3-4。

西堤路南延段各地层工程特性指标建议值　　　　表1.3-4

| 岩土名称及编号 | 承载力基本允许值 $[f_{ao}]$/kPa | 压缩模量 E_s/MPa | 变形模量 E_0/MPa | 抗　剪　强　度 | | | | 天然密度 ρ/（kN/m³） |
| | | | | 直剪快剪 | | 固结快剪 | | |
				内摩擦角 φ/°	黏聚力 c/kPa	内摩擦角 φ/°	黏聚力 c/kPa	
①人工填筑土	未　完　成　自　重　固　结							17.5
②$_1$淤泥	50	1.2	—	3.0	4.0	—	—	15.5
②$_2$粉质黏土	140	4.0	—	18.5	20.0	—	—	18.5
②$_3$淤泥质黏土	60	2.0	—	7.5	8.5	—	—	16.0
②$_4$粗砂	160	13.5	—	22.0	0	—	—	17.8
③砂质黏性土	260	5.0	—	23.0	22.5	—	—	18.8

（3）软基处理设计

本项目软基处理共采用CFG桩复合地基、高压旋喷桩复合地基与翻挖换填处理三种工艺。其中在K0+175.5～K0+409及K0+450～K2+340路段采用了CFG桩复合地基处理。

①设计标准

a. 工后沉降（15 年）设计值：一般路段工后沉降 ≤ 50cm；

b. CFG 单桩承载力：≥ 180kN；

c. 复合地基承载力：≥ 100kPa。

②CFG 桩复合地基设计

CFG 桩采用 C15 混凝土，桩径 50cm，桩距 1.8m，正方形布置，桩顶通过扩大头 C15 素混凝土桩帽连接，并在桩顶铺设 30cm 碎石 + 20cm 土工格室（充填 20cm 厚碎石）。CFG 桩采用长螺旋钻孔、管内泵压灌注法施工，混凝土坍落度宜为 160～200mm，成桩后桩顶浮浆厚度不宜超过 200mm。

③CFG 桩施工步骤

桩机就位、调平→钻孔至设计高程→泵送混合料→拔管、灌注混合料至设计高程→移机→施工下一根桩。在钻进至设计标高后须尽快泵送混合料，当钻杆芯管充满混合料后开始拔管，严禁先提管后泵料，拔管速度控制在 2.0～2.5m/min。施工桩长应根据设计要求、地质情况和钻进电流变化综合控制，确保桩体穿透软土层进入持力层 1.5m 以上。西堤路南延段 CFG 桩横断面和平面布置见图 1.3-7。

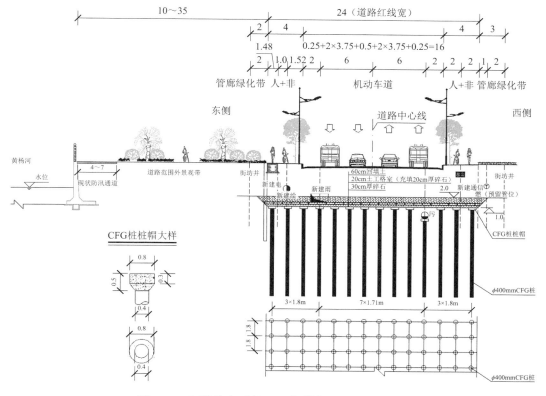

图 1.3-7 西堤路南延段 CFG 桩横断面和平面布置图

（4）现场效果图

西堤路南延段新建工程，2017 年竣工至今，路面较平整，局部沉降，路面局部有裂纹，详见图 1.3-8。

图 1.3-8　西堤路南延段实景图

5．虹晖四路（小林路）素混凝土桩

（1）工程概况

虹晖四路位于珠海市金湾区红旗镇，整体呈东西走向，西起双林大道，东至东成路，道路等级为城市主干道，设计长度约 1616m，道路路幅宽度 50m，双向 6 车道，沥青混凝土路面。

（2）地勘资料

拟建场地地势整体较为平坦，属海陆交互相沉积地貌单元。在勘探深度范围内揭露的地层自上而下为：场地上覆第四系素填土（Q^{ml}），其下为第四系海陆交互相沉积（Q^{mc}）淤泥、淤泥质黏土、粉质黏土，下伏燕山期花岗岩风化带（r）。

①人工填土层（Q^{ml}）

主要土性为素填土：呈褐黄、黄、灰黑色等，主要由黏性土、砂及碎石等组成。局部区域填石直径、含量较大；为新近填土，未完成自重固结。层厚 2.6～4.8m，平均厚度 3.65m。

②第四系海陆交互相沉积层（Q^{mc}）

②$_1$淤泥：呈深灰、灰黑色，饱和、流塑状态。含少量有机质，有滑腻感，有泥臭味，局部夹少量贝壳碎片及石英砂粒。层厚 1.4～13m，平均厚度 9.16m，该层普遍分布。

②₂ 淤泥质黏土：呈深灰、灰黑色，饱和、流塑状态。主要由黏性土组成，局部含中、粗砂，略具臭味。层厚 2.3～5.2m，平均厚度 3.29m，在该层局部分布。

②₃ 粉质黏土：呈褐黄色、褐红色、深灰色、灰白色，可塑状态。主要成分为黏粒，局部含砂量较大。刀切面稍光滑，无摇振反应，干强度中等。层厚 4.9～5.3m，平均厚度 5.14m，在该层局部分布。

③燕山期花岗岩风化带（r）

强风化花岗岩：为软岩，呈褐黄、灰黄、灰白斑杂色。原岩中粗粒结构易辨，组织结构大部分破坏，网纹状裂隙很发育，尚未完全风化岩块，手可掰断，岩芯呈半岩半土状。层厚 4.9～7.3m，平均厚度 5.53m。

（3）软基处理设计

本项目软基处理采用 CFG 桩复合地基。

①设计标准

a. 工后沉降（15 年）设计值：一般路段工后沉降≤30cm；

b. CFG 单桩承载力：≥150kN；

c. 复合地基承载力：≥100kPa。

②CFG 桩复合地基设计

CFG 桩桩径为 40cm，混凝土强度等级为 C15，桩间距 1.5m，正方形布置，桩长需打穿淤泥进入持力层（粉质黏土层或粗砂层等）不小于 1.0m。桩顶设置褥垫层，材料采用 40cm 厚的级配碎石并在褥垫层中间处铺设一层双向钢塑土工格栅。

CFG 桩施工工艺采用长螺旋钻孔、管内泵压混合料成桩工艺，桩身坍落度为 160～200mm。虹晖四路 CFG 桩横断面见图 1.3-9。

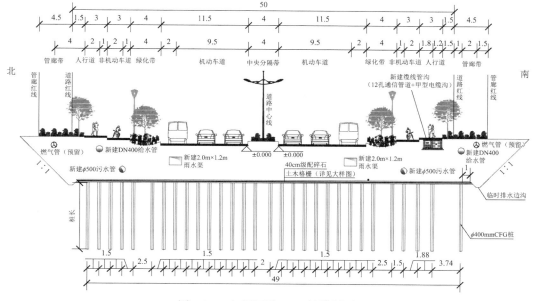

图 1.3-9 虹晖四路 CFG 桩横断面

（4）现场效果图

虹晖四路 2020 年底竣工至今，靠近双林大道（机场高速侧）段路面平整，靠近东成路段局部沉降，中央绿化带路缘石呈波浪状，详见图 1.3-10。

图 1.3-10　虹晖四路实景图

6．子期南道（横琴大道—香江路）

（1）工程概况

子期南道位于珠海市横琴新区，整体呈南北走向，南起横琴大道，北至香江路，道路等级为城市次干道，设计长度约 555.8m，道路路幅宽 20m，双向 4 车道，沥青混凝土路面。

（2）地质勘察资料

拟建场地位于珠海市横琴岛东侧，场地大部分为填筑区域，大部分场地原始地貌单元为海陆交互相沉积地貌，地形主要表现为滩涂、丘陵、鱼塘等，沿线地势较平缓。根据资料显示，场地地基土按成因类型可划分为人工填土层（Q_4^{ml}）、第四系海陆交互相沉积层（Q^{mc}）、花岗岩残积土层（Q^{el}）和燕山期（$\gamma_5^{2(3)}$）侵入花岗岩 4 大成因层。从上至下分述为：

①人工填土（Q_4^{ml}）

主要土性为素填土，局部（靠横琴大道一侧）为填石，块石岩性为中—微风化花岗岩，直径大小不一，最大可达 1m，素填土由粉质黏土、砂及块石组成，局部夹灰黑色淤泥质土，欠压实。平均层厚为 3.85m（1～11.2m），本层土的类型为软弱土。

②第四系海陆交互相沉积层（Q^{mc}）

②₁ 淤泥

呈灰褐色—灰黑色，饱和，流塑状，泥质滑腻，局部含细中砂。该层在全部钻孔有揭示，平均层厚为 15.68m（7.5～22.3m）。

②₂ 粉质黏土或黏土

以灰黄色为主，上部多呈黄红色，局部间夹灰褐色、浅灰色，湿，可塑状，局部硬塑状，局部含较多中粗砂，相变为黏土质砂。该层在全部钻孔有揭示，平均层厚为 5.9m（1.2～14m）。

②₃ 淤泥质粉质黏土

呈灰黑色，饱和，软塑状，含细中砂，偶见腐木。该层在部分钻孔有揭示，平均层厚为 5.83m（2.1～10.7m）。

②₄ 粗砂或粉细砂

呈灰黄色、浅灰色、局部灰黑色，饱和，以稍密状为主，局部松散，分选一般，含较多黏粒，局部含淤泥质。该层在大部分钻孔有揭示，平均层厚为 4.49m（1.5～8.5m）。

③ 残积土（Q^{el}）

呈灰白色、灰黄色、褐黄色，湿，可塑—硬塑状，为砂质黏性土，成分以黏粒和石英粒为主，原岩结构依稀可辨，遇水易软化。该层在 26 个钻孔有揭示，平均层厚为 4.17m（1.8～7.5m）。

④ 燕山期（γ₅$^{2(3)}$）侵入花岗岩

④₁ 全风化花岗岩

呈黄褐色带肉红色，湿，坚硬状，原岩结构尚存，矿物成分以长石和石英为主，石英风化成砂粒状，芯样呈坚硬土柱状，遇水易软化。该层在 28 个钻孔有揭示，平均层厚为 5.1m（1.3～13.5m）。

④₂ 强风化花岗岩

呈黄褐色带灰褐色，湿，坚硬土柱状—半岩半土状，原岩结构清晰，矿物成分以长石和石英为主，揭露厚度为 4.58m（1.2～6.25m）。

④₃ 中风化花岗岩

呈青灰色略带褐黄色，岩质较坚硬，岩芯呈碎块—短柱状，矿物成分以长石和石英为主，风化裂隙比较发育，揭露厚度为 2.63m（1.2～3.9m）。岩石坚硬程度属较硬岩，岩体完整程度为较破碎，岩体基本质量等级属Ⅳ类。

（3）软基处理设计

① 设计标准

a. 一般路段工后沉降设计值 ≤ 50cm（15 年）；

b. 素混凝土桩单桩承载力 ≥ 140kN；

c. 复合地基承载力 ≥ 100kPa。

② CFG 桩复合地基设计

素混凝土桩复合地基桩径为 400mm。为充分利用素混凝土桩单桩承载力大的特点，素混凝土桩均设置扩大桩头；适当调大桩间距，道路红线范围桩间距 1.6～1.8m，矩形布置；

管廊绿化带桩间距 1.9m×1.8m，矩形布置。扩大桩头采用直径 800mm 的圆板。桩顶设置 40cm 级配碎石褥垫层，并在桩顶与褥垫层中各加铺 1 层土工格栅，且桩顶加设 1 层土工布，碎石最大粒径不宜大于 20mm。振动沉管灌注成桩施工的坍落度宜为 80～100mm。

子期南道素混凝土桩横断面见图 1.3-11。

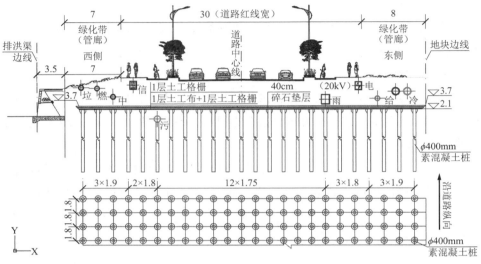

图 1.3-11　子期南道素混凝土桩横断面

（4）现场效果图

子期南道（横琴大道—香江路），2007 年竣工。靠近横琴大道段路面平整，靠近香江路段，沉降比较严重，详见图 1.3-12。

图 1.3-12　子期南道实景图

1.3.2　滨海商务区市政配套工程二期丹凤四路和白龙路素混凝土桩

1. 工程概况

（1）丹凤四路

丹凤四路位于珠海航空产业园白龙河尾滨水区，道路等级为城市支路，双向 4 车道，单幅路，沥青混凝土路面，道路红线宽 32m。丹凤四路起于燕羽路，止于白龙路，设计长度 1112.41m，实施长度 1000m。丹凤四路距离主排洪渠较近，丹凤四路人行道边线外即是排洪渠的复合地基软基处理范围，且根据计划排洪渠先行竣工，为避免影响主排洪渠的安全稳定，丹凤四路全段采用复合素混凝土桩进行软基处理。

（2）白龙路

白龙路位于珠海航空产业园白龙河尾滨水区，道路等级为城市次干道，双向 4 车道，单幅路，沥青混凝土路面，道路红线宽 32m。白龙路起于滨湖东路，止于白龙路，设计长度 1993.35m，实施长度 1854.65m。白龙路人行道边线距离 2014 围堤防浪墙仅 25～28m，白龙路如考虑采用真空联合堆载预压法进行软基处理，会对围堤的安全稳定极为不利，因此白龙路全段均采用复合素混凝土桩进行软基处理。

2. 勘察资料

场地地貌属山前海积平原，经人工吹填，现形成陆域，勘察期间场地基本填土整平，钻孔最高地面高程 4.45m，最低地面高程 0.33m，平均地面高程 3.42m。地形总体平坦、开阔。按地质年代和成因类型来划分，本次钻探揭露岩土层分为人工填土层（Q_4^{ml}）、第四系海陆交互相沉积层（Q_4^{mc}）、残积层（Q^{el}）、燕山三期（$\gamma_5^{2(3)}$）花岗岩风化层和泥盆系（D）砂岩风化层。

①人工填土层（Q_4^{ml}）

①$_1$填筑土

呈灰黄色、黄褐色，由黏性土、石英砂及花岗岩碎石组成，块石夹杂，局部块石含量较多，松散至稍湿。块石粒径 0.15～0.3m，含石率 30%～80%。该层场地内分布少，场内共 10 个孔揭露到该层，揭露层厚为 0.8～13.5m，平均 4.64m。

①$_2$吹填土

呈灰褐、褐黄色，主要由粉细砂及少量贝壳碎屑吹填而成，颗粒成分较均匀，饱和，松散。该层在场地内分布广泛，场内共 130 个钻孔揭露到该层，揭露层厚为 1～8.5m，平均 4.05m。

①$_3$吹填土

呈灰白、灰黄色，岩性为中—微风化花岗岩，直径 0.3～0.7m，混少量黏土及砂粒。该层在场地内分布少，场内共 2 个钻孔揭露到该层，揭露层厚 11.3～13.5m，平均 12.4m。

②海陆交互相沉积层（Q_4^{mc}）

②$_1$淤泥

呈灰黑色，以流塑为主，饱和，具腥味臭。主要成分为黏粒，含腐殖质及少量贝壳碎屑。干强度中等，韧性低。该层在场地内分布广泛，场内钻孔均揭露到该层，层厚 1.6～54.8m，平均 20.07m。

②$_2$淤泥质土

呈灰褐色，湿，软塑，主要由黏粒组成，局部夹少量粉细砂。含腐殖质及贝壳碎屑，具腥味臭。该层在场地内分布较广，场内共 106 个钻孔揭露到该层，揭露层厚为 1.2～48.3m，平均 21.2m。

②$_3$粉质黏土

局部揭露为黏土，呈褐红、褐黄、灰黄色，可塑，湿。成分以黏粒为主，粉粒为次，黏性一般—较好。土质较均匀—不均匀，局部含较多砾、粗粒。该层在场地内分布较少，场内共 41 个钻孔揭露到该层，揭露层厚为 0.5～13.3m，平均 3.73m。

②$_4$粗砂

该层以粗砂为主，局部揭露为中砂。呈褐黄、灰白色，饱和，松散—稍密，分选性一般，含黏粒，夹薄层黏性土及细砂。该层在场地内分布一般，场内共 61 个钻孔揭露到该层，揭露层厚为 0.9～18.8m，平均 4.33m。

③残积层（Q^{el}）

该层以砂质黏性土为主，呈灰黄色、褐黄色、灰白色，湿，可塑—硬塑，长石多已土化。原岩结构依稀可辨，遇水易软化。该层在场地内分布一般，场内共 63 个钻孔揭露到该层，揭露层厚为 1～9.5m，平均 3.52m。

④燕山三期花岗岩（$\gamma^{52(3)}$）

④$_1$全风化花岗岩

呈褐黄、褐红等色，湿，硬—坚硬状，可辨原岩结构，岩芯呈土柱状，长石部分为颗粒状，遇水易软化。岩石坚硬程度为极软岩，岩体完整程度极破碎，岩体基本质量等级为 V 类。该层在场地内分布较少，勘探深度范围内共 36 孔揭露到该层，揭露层厚为 0.4～13.8m，平均 3.38m。

④$_2$强风化花岗岩

呈黄褐、灰褐、灰白色，岩体极破碎，裂隙发育，岩芯呈半岩半土状。原岩结构明显。岩石坚硬程度为软岩，岩体完整程度破碎，岩体质量等级为 V 类。该层在场地内分布较少，勘探深度范围内共 37 个钻孔揭露到该层，揭露层厚为 0.4～5.2m，平均 2.35m。

⑤砂岩（D）

⑤$_1$强风化砂岩

呈黄棕色、灰黑色，岩芯呈半岩半土状，碎屑状，原岩结构可见，岩块手可折断，风化不均，局部夹有中风化岩碎块。岩质强度极软，岩体基本质量分级为 V 类。该层在场地内分布较少,勘察深度范围内共 28 个钻孔揭露到该层,揭露层厚为 1.4～5.3m,平均 2.64m。

各地层工程特性指标建议值见表 1.3-5。

各地层工程特性指标建议值　　　　　　　　　　　　　表 1.3-5

层号	土的名称	状态	重度γ/ (kN/m³)	含水率 W/%	孔隙比 e	压缩模量 E_{S12}/MPa	压缩系数 a_{v12}/MPa⁻¹	直剪 黏聚力 c/kPa	直剪 内摩擦角/°	地基承载力 基本容许值 f_{ao}/kPa
①₁	填筑土	松散	18.5	—				10.0	12.0	70
①₂	吹填土	松散	20.3	17.8	0.537	8.37	0.19	—	23.6	80
②₁	淤泥	流塑	15.3	75.3	2.018	1.56	2.037	2.5	1.9	45
②₂	淤泥质土	软塑	16.5	51.7	1.419	2.21	1.125	7.2	6.2	60
②₃	粉质黏土	可塑	18.3	31.4	0.932	4.05	0.510	21.0	16.5	140
②₄	粗砂	松散—稍密	20.4	15.6	0.495	10.63	0.242	—	27.2	120
③	砂质黏性土	可塑—硬塑	18.8	26.3	0.795	5.13	0.363	22.8	24.2	220
④₁	全风化花岗岩	硬塑	18.8	25.9	0.788	5.53	0.349	23.0	25.8	300
④₂	强风化	半岩半土								650
④₃	中风化	碎块—短柱状,单轴抗压强度值:f_{rk} = 29.9MPa								2000
④₄	微风化	花岗岩,短柱状—柱状,单轴抗压强度值:f_{rk} = 73.8MPa								6500
⑤₁	强风化	砂岩,半岩半土状								600
⑤₂	微风化	砂岩,短柱状,单轴抗压强度值:f_{rk} = 27.9MPa								4000

3．素混凝土桩复合地基设计

（1）设计标准

①白龙路工后固结沉降 ≤ 50cm（15 年）;

②丹凤四路工后固结沉降 ≤ 50cm（10 年）;

③单桩承载力设计值为 150kN;

④处理后交工面浅层地基承载力特征值 ≥ 120kPa。

（2）素混凝土桩复合地基设计

本项目素混凝土桩采用 42.5R 级普通硅酸盐水泥,桩径 400mm,桩距 1.6m×1.6m,梅花形布桩,设计桩长 25m,由于本区域淤泥层大于 40m,桩体未贯穿淤泥质土进入较好的持力层（图 1.3-13）。为保证桩间土与桩更好地分担荷载,在桩顶铺设 0.2m 厚褥垫层,并铺设 1 层土工布和 1 层土工格室。采用振动沉管（加套管）灌注成桩工艺,混凝土坍落度为 30～50mm。

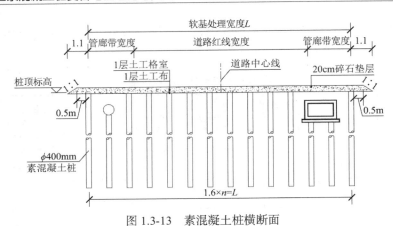

图 1.3-13　素混凝土桩横断面

4．施工中出现的问题和道路现状

（1）施工中出现的问题

在丹凤四路施工路基过程中，路侧万科地块 1 在进行真空预压场地处理；道路基层施工完成后，道路邻近的万科地块 1 在放坡开挖基坑。2021 年 3 月发现丹凤四路邻近地块（万科）基坑路段现有水稳层有纵向裂缝和横向裂缝，纵向裂缝发生在道路中心，横向裂缝垂直于道路中心线，纵向裂缝局部有缓慢发展。道路中心纵向裂缝宽度较大，在非紧邻基坑路段中心也存在宽度偏小的裂缝，当前最大裂缝宽度近 8mm，见图 1.3-14。为了减少万科地块 1 基坑施工对丹凤四路的影响，丹凤四路暂停施工待基坑回填后再恢复施工。2021 年 11 月，丹凤四路旁边万科地块 2 真空预压场地处理后，基坑放坡开挖，丹凤四路路基也出现了较多裂纹，最大裂纹缝宽近 5cm，见图 1.3-15。

图 1.3-14　丹凤四路路基开裂图（一）

图 1.3-15　丹凤四路路基开裂图（二）

白龙路在 2022 年初竣工后，路侧万科地块 3 开始进行真空预压场地处理，在处理过程中，白龙路人行道出现了裂纹，见图 1.3-16。

图 1.3-16　白龙路人行道开裂图

（2）道路现状

丹峰四路和白龙路 2022 年初竣工至今，禁止大车通行，路面平整，见图 1.3-17。

图 1.3-17　白龙路实景图

第 2 章

基坑开挖对素混凝土桩
复合地基的影响与对策

　　基坑的开挖直接关系到地下空间的开发利用及城市高层建筑、市政工程和地铁工程等的发展。由于基坑工程的复杂性,它的开挖一般会引发周边环境的改变,如地基中应力场的重新分布、周围土体的严重变形及地下水位的变化。这些环境效应会对基坑周边的建筑物或者桩基础的安全运营造成危害,严重的甚至会致使建筑物开裂、倾斜或倒塌。基坑中的土体被大量挖除,土体移动产生的侧向力不仅会使邻近的桩体发生侧向位移和附加应力,而且土体沉降也会使邻近桩体出现一定的竖向位移,在水平和竖直位移的共同作用下,桩基受到非常复杂的影响,可能导致其上部建筑失去功能。为了研究基坑开挖对既有素混凝土桩复合地基道路产生的影响,拟主要从现场监测和数值模拟出发展开研究,构建相应的数值模型,探讨基坑降水和开挖过程中产生的影响并提出相应的对策。

　　目前,素混凝土桩复合地基在已应用项目中出现了多种病害,如在超软超深软土区域进行素混凝土桩复合地基软基处理后再进行场地开发时出现严重的路面开裂和水土流失现象,甚至路基素混凝土桩发生断裂而导致路面沉降过大。图 2-1 为某工程环境影响导致的素混凝土桩发生断裂的实例图;图 2-2 为本项目路侧基坑开挖导致已建成路面开裂;图 2-3 为丹凤四路基坑开挖降水现场图。

图 2-1　断裂的素混凝土桩

图 2-2　开裂的路面

图 2-3　丹凤四路现场基坑开挖降水

本课题研究中，对珠海航空产业园道路路基素混凝土复合地基软土路基处理较多，当道路周边进行真空预压时会引起道路地基发生明显的水平位移，可能引发复合地基桩体断裂，严重威胁道路的安全稳定。因此，本部分依托丹凤四路的基坑开挖建立数值计算模型，评估基坑开挖对素混凝土桩复合地基的影响。

2.1 计算模型

2.1.1 数值模型基本信息

研究基坑开挖对素混凝土桩复合地基工作性能的影响，利用有限元软件 PLAXIS2D 对研究区域某典型断面开展研究，根据地勘资料工程地质平面图和钻孔柱状图采用丹凤四路路段 DFS5 钻孔的土层数据，如图 2.1-1 所示。

从已有的钻孔数据来看，场地内的土层分布主要为人工填土层、第四系海陆交互相沉积层、残积层、燕山三期、花岗岩风化层和泥盆系砂岩风化层。其中，淤泥和淤泥质土等软土在场地内分布深而广，工程性质较差，典型的工程地质剖面图如图 2.1-2 所示。

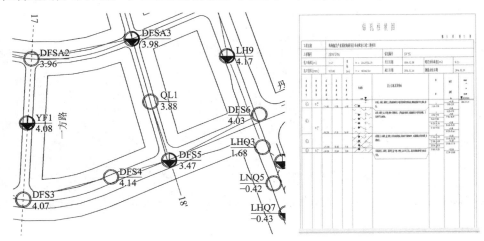

图 2.1-1 路段平面图和钻孔柱状图

图 2.1-2 典型工程地质剖面图

2.1.2 数值模型的基本尺寸

具体模型及网格划分如图 2.1-3 所示：该区域土层共 4 层，自上而下分别为素填土（0～

−4.9m）、淤泥（−4.9～−21.70m）、淤泥质土（−21.70～−30.80m）和砂质黏土（−30.80m～−33.60m）。模型在 x 方向总长度取 140m，y 方向以淤泥质土底部作为模型的底部边界。如图 2.1-3 所示，将靠近基坑侧到远离基坑侧的素混凝土桩编号为 1～21 号桩。模型共划分 9614 个三角形单元网格，共计 79602 个节点，并对复合地基和基坑开挖部分网格进行了加密处理。

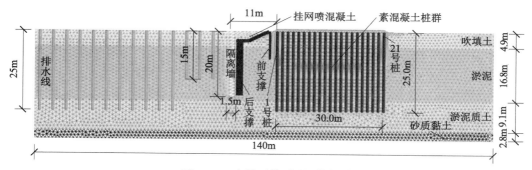

图 2.1-3　有限元模型及网格划分

本工程为正三角形布桩，桩间距 1.6m，素混凝土桩复合地基法软基处理标准横断面俯视图如图 2.1-4 所示。

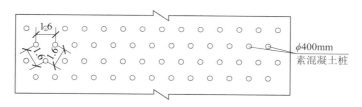

图 2.1-4　地基标准横断面俯视图

本模型将三维群桩转化为二维平面应变模型。在平面内共布设 21 根桩，总宽度为 30m，桩径为 0.4m，桩长为 25m，桩顶与素填土层的层顶标高一致，桩底位于淤泥质土层的中部，桩体未贯穿软土层，呈悬浮状态，与实际工况相符。根据模量简化法，对间距 $S = 1.6$m 呈正三角形布置的群桩按置换率相等的原则，将正三角形分布转换为正方形分布（图 2.1-4），计算公式如(2.1-1)所示：

$$m = \frac{\pi d^2}{4l^2} = \frac{\pi d^2}{2\sqrt{3}S^2} \tag{2.1-1}$$

式中：m——面积置换率；

　　　d——素混凝土桩的直径；

　　　S——实际桩间距；

　　　l——桩按正方形布设时的间距。

求得转化为正方形布置后，间距为 $l = 1.5$m。

模型中的素混凝土桩群用 PLAXIS 内置的 embedded beam row 桩单元进行模拟。需要注意的是，当为 embedded beam row 指定重度时，其本身不占任何体积而是覆盖在土体单元上。这样可以从 embedded beam row 材料重度中减去土体重度，以考虑这种覆盖的影响。在软件的输入窗口可以指定桩的几何属性如桩型为大体积圆桩，桩身直径为 0.4m，桩在平面外方向的间距为 1.5m；同时还能指定桩土相互作用属性，如桩侧摩阻力可以选择与土层相关，以考虑桩在不同土层中所承受的侧摩阻力的差异，桩端承载力可输入试验所得的极限承载力的一半。正方形群桩排布示意如图 2.1-5 所示。

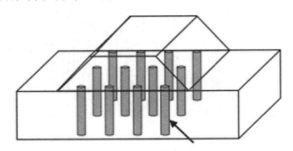

图 2.1-5　正方形群桩排布示意图

2.1.3　数值模型的边界条件

模拟计算的结果是否真实有效与边界条件的选取密切相关，PLAXIS 中有位移边界和渗流边界两种静力边界模式，根据土层条件及工程周围环境定义数值模型的边界条件。模型位移边界：底部为固定约束，左右为水平约束，顶部为自由边界；渗流边界条件：模型区域的左侧边界不允许渗流，其他三个边界设为可透水边界。

2.1.4　数值模型材料参数

模型中共 3 层土层，其中填土层采用摩尔-库仑模型，淤泥和淤泥质土软土层采用小应变土体硬化模型（HSS）。HSS 模型考虑了土体的小应变刚度，可较准确地反映小应变条件下施工区域土体的变形及力学行为。为准确获得该模型所需的 HSS 参数，前期在室内进行了共振柱、三轴固结排水剪切、三轴固结排水加卸载剪切等试验研究，详见《软土室内测试子课题研究报告》，得到了一套符合珠海软土的 HSS 模型参数。其余结构如：黏性土隔离墙、水泥土支护墙等按经验取值。材料参数汇总于表 2.1-1。

材料参数　　　　　　　　　　　　　　　　　　　　　　表 2.1-1

材料名称	材料模型	γ_{unsat}	γ_{sat}	E_{50}^{ref}	E_{eod}^{ref}	E_{ur}^{ref}	m	c'	φ'	k	G_0^{ref}	$\gamma_{0.7}$
		kN/m³	kN/m³	MPa	MPa	MPa		kPa	°	m/d	MPa	
吹填土	MC	18	20	50				2	32	0.3		
淤泥	HSS	15	15.4	3	3	10	0.75	11	9	0.8×10^{-3}	16	2×10^{-4}
淤泥质土	HSS	16.5	16.8	3.5	3.5	14	0.7	16.4	10	3.3×10^{-3}	20	1.5×10^{-4}

材料名称	材料模型	γ_{unsat}	γ_{sat}	E_{50}^{ref}	E_{eod}^{ref}	E_{ur}^{ref}	m	c'	φ'	k	G_0^{ref}	$\gamma_{0.7}$
		kN/m³	kN/m³	MPa	MPa	MPa		kPa	°	m/d	MPa	
隔离墙	HS	16	17	2.5	2.5	10	0.75	15	17	0.43×10^{-6}		
水泥土挡墙	HS	20	22	100	100	300	0.5	100	35	0.86×10^{-6}		

注：表中参数从左向右依次为非饱和重度、饱和重度、标准三轴排水试验割线刚度、侧限压缩试验切线刚度、卸载再加载刚度、刚度的应力相关幂指数、有效黏聚力、有效摩擦角、渗透系数和剪切模量衰减到初始剪切模量的 70%时所对应的剪应变。

2.1.5　真空预压及基坑开挖过程模拟

根据施工区详勘地下水位钻孔揭露，区域内平均地下水位的高度为地下-1m 处，因此选取平均地下水位-1.000m（黄海高程坐标系）作为模型整体的地下水位。

模拟加隔离墙桩顶不刚接工况下，真空预压及基坑开挖对素混凝土桩复合地基的影响。除此之外其他的所有条件都保持不变，以探究不同的处理对策对减轻外界环境影响的贡献程度。

以标准工况为例，整个模拟过程分为 6 步进行，如图 2.1-6 所示。

（1）平衡地应力，计算类型选择 K0 固结，孔压计算类型选择潜水位；以生成初始的应力场。

（2）激活素混凝土桩，计算类型选择塑性计算，孔压计算类型选择潜水位；此步骤的目的为生成素混凝土桩复合地基。

（3）真空预压，激活竖向排水板，并将其压力设为-80kPa，计算类型选择流固耦合，时间间隔为 120d；以模拟实际工程中的真空预压工序。

（4）第一次基坑开挖，计算类型选择流固耦合，时间间隔为 10d。开挖范围为地表至初始地下水位线-1m 处的填土。开挖过程中生成水泥土支护挡墙并激活开挖部分边坡的挂网喷射混凝土。

（5）第二次基坑开挖，计算类型选择流固耦合，时间间隔为 10d。开挖范围为基坑范围内剩余的填土层厚度（-1～-3m），激活开挖部分边坡的挂网喷射混凝土。

（6）第三次基坑开挖，计算类型选择流固耦合，时间间隔为 10d，开挖范围为淤泥层顶至设计开挖基坑的坑底（-3～-4m），激活开挖部分边坡的挂网喷射混凝土。

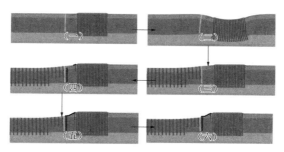

图 2.1-6　模拟步骤示意图

2.1.6 标准工况的结果分析

依据工程资料可得，素混凝土桩采用 42.5 级普通硅酸盐水泥，桩径 40cm，正三角布置，间距 1.6m，桩身混凝土强度等级 C15，如图 2.1-4 所示。依据《混凝土结构设计规范》GB 50010—2010（2015 年版），计算素混凝土桩的抗弯能力，可按照表达式 $M = \sigma I_z / y$ 计算（σ 为轴心抗拉强度标准值；I_z 为截面惯性矩；y 为计算截面距离中性截面距离）。

则由式(2.1-2)算得素混凝土的极限抗弯强度为 7.98kN·m。

$$M_u = \frac{\sigma I_z}{y} = \frac{\sigma \cdot \frac{\pi d^4}{64}}{\frac{d}{2}} = \frac{\sigma \pi d^3}{32} = \frac{1.27 \times \pi \times 400^3}{32} = 7.98 \text{kN·m} \qquad (2.1\text{-}2)$$

C15 强度等级的混凝土其轴心抗拉强度标准值为 1.27MPa；$I_z = \pi d^4/64$ 是圆形截面的截面惯性矩。

标准工况下开挖结束后 1～21 号素混凝土桩的弯矩随桩身呈 S 形分布，且 1 号桩与 21 号桩身弯矩较相邻桩弯矩比较特殊（图 2.1-7）。2～4 号以及 21 号桩的最大弯矩明显超过了素混凝土桩的极限抗弯强度 7.98kN·m。从模拟结果判断，上述桩体在开挖过程中极有可能发生断裂破坏。而 5 号桩的弯矩则处于临界值，桩身处于较危险的受力状态。其余桩的桩身在开挖结束的弯矩均未超过素混凝土桩的极限抗弯强度，桩体处于比较安全的状态。

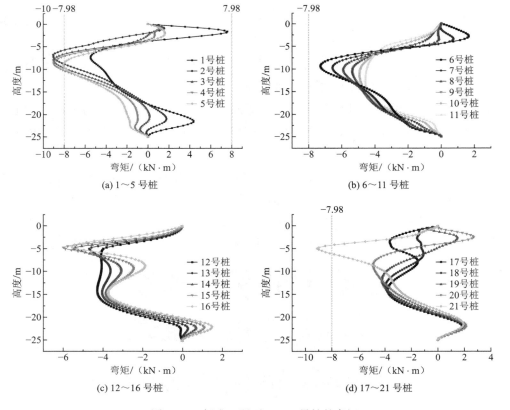

(a) 1～5 号桩

(b) 6～11 号桩

(c) 12～16 号桩

(d) 17～21 号桩

图 2.1-7 标准工况下 1～21 号桩的弯矩

2.2　模型验证

2.2.1　与现场监测数据的对比分析

在实际的基坑开挖过程中,对基坑外的一些点进行了持续的水平位移和竖向位移监测,并得到了这些点的水平和竖向位移时程曲线,监测点布置如图 2.2-1 所示。

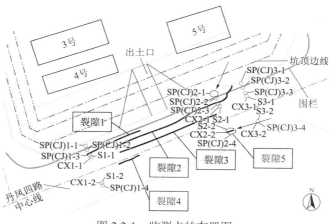

图 2.2-1　监测点的布置图

拟通过对实际监测点的变形值与数值模拟模型中对应位置的模拟值进行对比来验证模型的可靠性。从图 2.2-2、图 2.2-3 中可以看出,水平位移的监测值与模拟值比较吻合,而竖向位移监测值较模拟值大,但其变化趋势基本一致。监测布置中还设置了侧斜位移监测点,为了监测桩体深度以下的土体是否继续发展水平位移,将监测深度设置大于桩长为 28m。

图 2.2-4 为模拟 16 号桩侧斜位移时程,图 2.2-5 为监测点 CX2-2 侧斜位移时程,结果表明实测值和模拟值整体趋势的吻合度较高。数值模拟存在一定偏差可能由于施工现场地质条件的变异性导致。

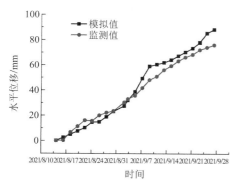

图 2.2-2　模拟 1 号桩与监测点 SP2-1 水平位移时程曲线

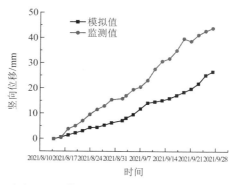

图 2.2-3　模拟 1 号桩与监测点 CJ2-1 竖向位移时程曲线

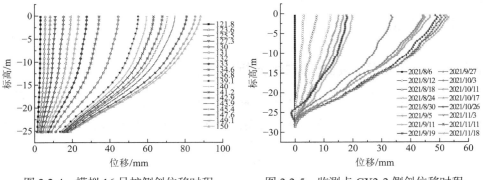

图 2.2-4　模拟 16 号桩侧斜位移时程　　　图 2.2-5　监测点 CX2-2 侧斜位移时程

2.2.2　与三维数值模型的对比分析

2D 模型因其通过转化相应参数将工程布局由三维简化到二维进行计算,其模拟结果的适用性还有待斟酌。为了验证 2D 模型数据的可靠性,开展了 3D 模型下标准工况的模拟。3D 模型的结构示意图与桩体布置图如图 2.2-6 所示,3D 模型中的隔离墙、前后支撑以及坡面的挂网喷混凝土均采用沿 Y 轴扩展的形式布置,而素混凝土桩则采用"梅花式"布桩形式布置。3D 模型中的土体参数仍沿用 2D 模型使用的参数。PLAXIS 中有位移边界和渗流边界两种静力边界模式,根据土层条件及工程周围环境,先定义数值模型的边界条件为模型四周固定水平位移,底部刚性约束,上部自由边界,模型四周及底面均设置为不透水边界。主要模拟步骤也和 2D 模型相同,即 K0 阶段生成初始应力、阶段二的应力平衡、阶段三真空预压、阶段四开挖 1m、阶段五开挖 2m 和阶段六开挖 1m。

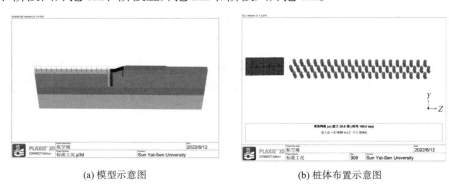

(a) 模型示意图　　　　　　　　　　　(b) 桩体布置示意图

图 2.2-6　模型示意图

2.2.3　水平位移云图

PLAXIS 3D 模型与 2D 模型各阶段的水平位移模拟云图如图 2.2-7 所示,从图中来看,3D 模型各阶段的水平位移呈由放坡底部隔离墙处向四周发散的规律,且随着开挖的进行,水平位移不断开展。基坑周围素混凝土桩受到的影响逐渐加剧。将各阶段与 2D 模型进行对比可以发现,3D 模型与 2D 模型的水平位移核心区位置基本一致,且各阶段的位移等值线分布也呈类似分布，说明两种程序的模拟结果基本一致。但 2D 模型中明显地显示出水平位移在真空预压和开挖一阶段有两个核心区后随着开挖进行逐渐贯通。

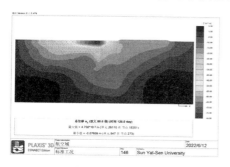

(a) 水平位移-真空阶段-3D

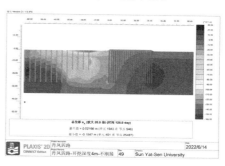

(b) 水平位移-真空阶段-2D

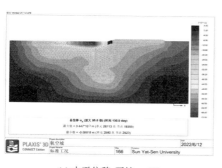

(c) 水平位移-开挖一-3D

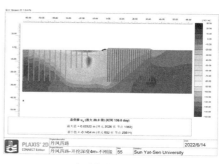

(d) 水平位移-开挖一-2D

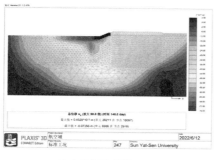

(e) 水平位移-开挖二-3D

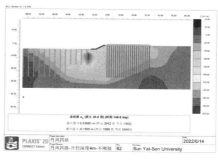

(f) 水平位移-开挖二-2D

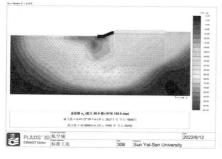

(g) 水平位移-开挖三-3D

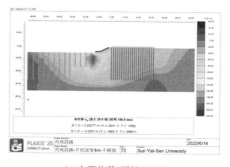

(h) 水平位移-开挖三-2D

图 2.2-7　2D 模型与 3D 模型的水平位移云图

2.2.4 竖向位移云图

2D 模型与 3D 模型的竖向位移云图如图 2.2-8 所示，由图可知，竖向位移主要集中在基坑开挖左端，随着开挖的进行，竖向位移逐渐沿竖向和径向发展，素混凝土桩所受到的竖向位移波动也不断发展。两个程序模拟结果对比来看，其竖向位移的核心区分布、等值线的发展等均较为接近。但从对素混凝土桩的竖向位移影响发展来看，3D 模型更为明显。

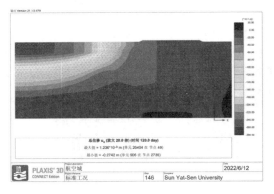

(a) 竖向位移-真空阶段-3D

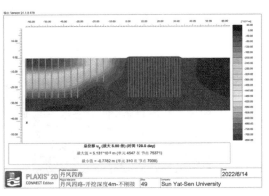

(b) 竖向位移-真空阶段-2D

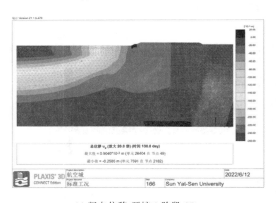

(c) 竖向位移-开挖 1 阶段-3D

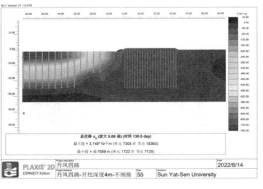

(d) 竖向位移-开挖 1 阶段-2D

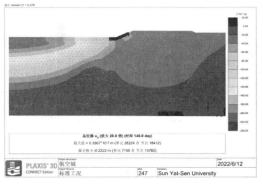

(e) 竖向位移-开挖 2 阶段-3D

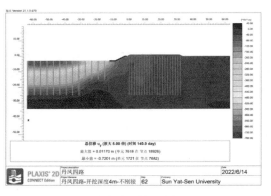

(f) 竖向位移-开挖 2 阶段-2D

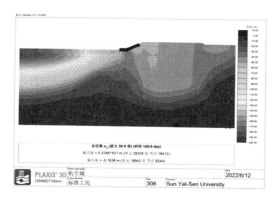 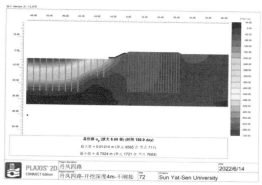

(g) 竖向位移-开挖 3 阶段-3D　　　　　　　(h) 竖向位移-开挖 3 阶段-2D

图 2.2-8　2D 与 3D 模型竖向位移云图

2.2.5　3D 模型中素混凝土桩的弯矩

3D 模型中的内、中及外排素混凝土桩的弯矩云图如图 2.2-9 所示，总体来说，内外两排素混凝土桩的弯矩在 3D 模型中的模拟结果相较于 2D 模型中有所减小，但中排桩的弯矩值与 2D 模型结果较为接近。这可能是由于在 3D 模型中使用了 3 排素混凝土桩来模拟实际工程中的工况而造成的。3 排桩在模拟中具有更强的强度和刚度，使得模拟结果偏小。在数值上虽然 3D 模型的结果与 2D 模型有差异，但在趋势上两种程序的模拟结果基本一致，即从整体上看，弯矩主要分布在排桩两侧的桩，且越靠近基坑开挖侧，其桩身的弯矩值越大；从单根桩来看，其弯矩主要分布在桩身上半部分。内外两排桩的弯矩值均比中部桩的弯矩值小的原因可能是桩的布置形式是按梅花式布置，而中间部分的排桩在布置上更靠近基坑开挖侧，会先受到基坑开挖的影响并承受主要扰动。总的来说，2D 模型虽然相对3D 模型有一定差异，但其结果同样具有参考性，并且 2D 模型具有易操作、计算快等特点，较适用于本次需建立多组工况的研究。

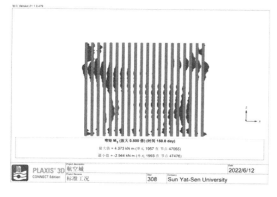 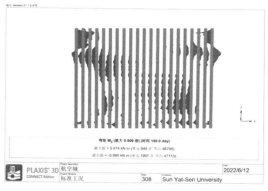

(a) 3D 模型内排素混凝土桩弯矩云图　　　　(b) 3D 模型中排素混凝土桩弯矩云图

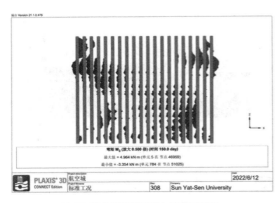

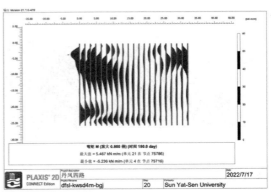

(c) 3D 模型外排素混凝土桩弯矩云图　　　　　(d) 2D 素混凝土桩弯矩云图

图 2.2-9　内、中及外排素混凝土桩的弯矩

2.3　真空预压工况对复合地基处理的影响分析

使用 PLAXIS2D 有限元数值模拟软件对真空预压以及基坑开挖对素混凝土复合地基的影响进行建模分析，对所得结果进行量化分析，进一步分析其规律。

2.3.1　真空预压工况及内力变化

在实际真空预压过程中，路基路面出现了较为明显的裂缝。为研究分析真空预压过程中素混凝土桩复合地基路基路面开裂的影响因素，使用 PLAXIS2D 数值模拟程序，从真空压力、真空时长以及排水线间距等方面进行对比，分析了真空预压阶段不同工况下素混凝土桩的内力及变形情况，所建立模拟工况如表 2.3-1 所示，共 9 种工况。

真空预压模拟的工况　　　　　　　　　　表 2.3-1

序号	真空压力/kPa	真空时长/d	排水线间距/m
1	60	120	4
2	70	120	4
3	80	120	4
4	90	120	4
5	80	60	4
6	80	90	4
7	80	150	4
8	80	120	3
9	80	120	5

1．不同真空压力下的内力变化

不同真空压力下 1 号桩的内力变化如图 2.3-1 和图 2.3-2 所示，从图 2.3-1 可知，1 号桩的剪力主要分布在桩体上半部分，随着真空压力的不断增大，上半部分的剪力最大值随之增大，而当真空压力增至 70kPa 时，继续增加真空压力，剪力几乎无增加。在图 2.3-2 中，1 号桩身弯矩主要集中在桩身右侧，说明桩体右部受拉，而随着真空压力增至 70kPa，桩身弯矩先有较为明显的增长，而后随真空压力增大而逐渐增大。

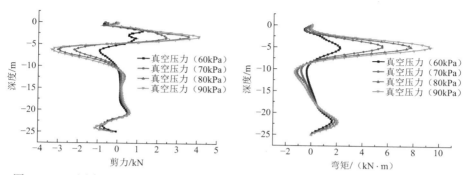

图 2.3-1　不同真空压力下 1 号桩的剪力　　　图 2.3-2　不同真空压力下 1 号桩的弯矩

表 2.3-2 为不同真空压力下 1 号桩的内力最值，整体上相对于真空压强 60kPa，增加真空压强使得 1 号桩的内力最值增幅较大，均有超过一倍的增幅。图 2.3-3 为不同真空压力下 1 号桩的内力最值变化，在真空压力不断增大的过程中，1 号桩的剪力最值持续增长；而从桩体的弯矩最值曲线可知，随着真空压力的增大，弯矩最大值在真空压力增长至 70kPa 过程中有剧烈增长，而后真空压力不断增加，其弯矩最值无明显变化。这表明在满足真空度的条件下，70kPa 的设计压差就已能满足需求。

不同真空压力下 1 号桩的内力最值				表 2.3-2
真空压力/kPa	60	70	80	90
剪力最大值/kN	1.22	2.40	3.54	4.08
剪力最小值/kN	−0.92	−2.22	−3.03	−3.35
弯矩最大值/（kN·m）	2.18	5.49	7.73	9.24
弯矩最小值/（kN·m）	−0.61	−0.84	−1.16	−1.33

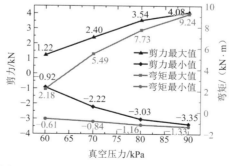

图 2.3-3　不同真空压力下 1 号桩的内力最值

2. 不同真空压力下的位移变化

不同真空压力下 1 号桩的位移变化如图 2.3-4 和图 2.3-5 所示，由图 2.3-4 可知，在真空预压阶段，1号桩桩体向基坑侧倾斜，使桩身顶部的水平位移有较为明显的发展，在真空压力从60kPa逐级增加至90kPa的过程中，1号桩的水平位移剧烈增长，桩顶水平位移从约0.014m增加至0.023m，增长幅度达到了64.3%，这说明真空压力在真空预压中对桩体水平位移的影响起着重要作用。从图2.3-5竖向位移中可以发现，桩体的竖向位移几乎保持一致，说明桩体竖向变形较小，在随着真空压力不断增大的过程中，其竖向位移也有较为明显的增长，真空压力由60kPa增加至90kPa，其竖向位移由0.007m增长至0.012m，增长幅度约71.4%。

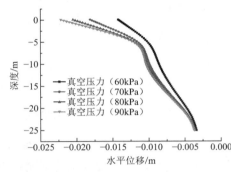

图2.3-4 不同真空压力1号桩水平位移　　　　图2.3-5 不同真空压力1号桩竖向位移

表2.3-3为不同真空压力下1号桩的位移最值，真空压力从60kPa增长至90kPa，1号桩的水平位移最小值（绝对值）增幅分别为27.46%、44.36%和55.63%，而竖向位移最值增大了约0.004mm。图2.3-6展示了真空压力从60kPa增加至90kPa时的最值变化，从图中可知，1号桩的水平位移最大值几乎无变化，而水平位移最小值（绝对值）则不断增大，几乎与真空压力呈线性相关。桩体的竖向位移随真空压力增加而不断增加。

不同真空压力下1号桩的位移最值　　　　　　　　　　　表2.3-3

真空压力/kPa	60	70	80	90
水平位移最大值/m	−0.0034	−0.0037	−0.0036	−0.0037
水平位移最小值/m	−0.0142	−0.0181	−0.0205	−0.0221
竖向位移最大值/m	−0.0071	−0.0095	−0.0104	−0.0114
竖向位移最小值/m	−0.0072	−0.0097	−0.0106	−0.0117

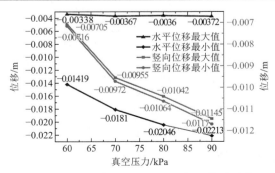

图2.3-6 不同真空压力下1号桩的位移最值

3．不同真空压力下的孔压分布

图 2.3-7 为不同真空压力下的孔压分布，图中显示，随着真空压力的增加，基坑处的孔压分布不断向下发展，降水效果越来越明显。

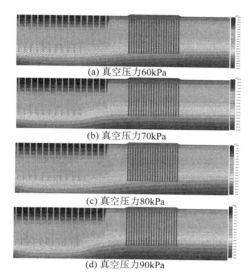

(a) 真空压力60kPa

(b) 真空压力70kPa

(c) 真空压力80kPa

(d) 真空压力90kPa

图 2.3-7　不同真空压力下的孔压分布

2.3.2　不同真空时长影响分析

1．不同真空时长下的内力变化

不同真空时长下 1 号桩的内力变化如图 2.3-8 和图 2.3-9 所示，从图可知，1 号桩的内力主要分布在桩体的上半部分，随着真空时长的不断增大，上半部分的内力最大值均呈不断增大的趋势。但当真空时长增加至 90d 时，继续增加真空压力，弯矩几乎无增加。在图 2.3-9 中，1 号桩身弯矩主要集中在桩身右侧，说明桩体右部受拉较明显。

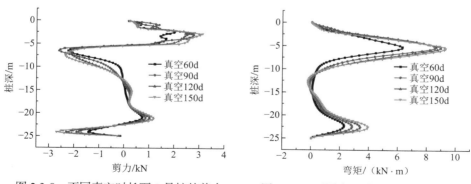

图 2.3-8　不同真空时长下 1 号桩的剪力　　图 2.3-9　不同真空时长下 1 号桩的弯矩

表 2.3-4 为不同真空时长下 1 号桩的内力最值，整体上不同真空时长下的 1 号桩内力最值的增幅相较于真空压力的工况较为缓和，剪力最大值分别增加了 38.00%、29%以及 55.5%，剪力最小值（绝对值）分别增加了 15.93%、2.65%以及 19.47%，而真空时长从 60d

到 150d 增幅已超过 100%。桩体的弯矩主要以正弯矩为主，弯矩最大值整个过程增幅分别为 36.88%、41.97% 以及 47.38%。图 2.3-10 展示了不同真空时长下 1 号桩的内力最值变化，在真空时长不断增大的过程中，1 号桩桩体的剪力最大值与弯矩最大值均呈缓慢上升趋势，而两者最小值（绝对值）不断波动。

不同真空时长下 1 号桩的内力最值 表 2.3-4

真空时长/d	60	90	120	150
剪力最大值/kN	2	2.76	2.58	3.11
剪力最小值/kN	−2.26	−2.62	−2.32	−2.7
弯矩最大值/(kN·m)	6.29	8.61	8.93	9.27
弯矩最小值/(kN·m)	−0.1	−0.13	−0.19	−0.26

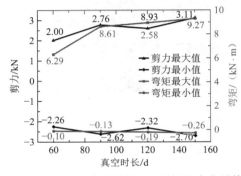

图 2.3-10　不同真空时长下 1 号桩的内力最值

2. 不同真空时长下的位移变化

不同真空时长下 1 号桩的位移变化如图 2.3-11 和图 2.3-12 所示。由图 2.3-11 可知，在真空预压阶段，1 号桩桩体向基坑侧倾斜，使桩身顶部的位移有较为明显的发展，在真空时长从 60d 逐级增加至 150d 的过程中，1 号桩的位移有显著增长，桩顶水平位移从约 0.03m 增加至 0.045m，增长 50%。这说明，真空时长在真空预压中对桩体水平位移有较大的影响。从图 2.3-12 竖向位移中可以发现，随着真空时长不断增大，其竖向位移也有较为明显的增长，其竖向位移由 0.011m 增加到 0.023m，增长幅度超 100%。

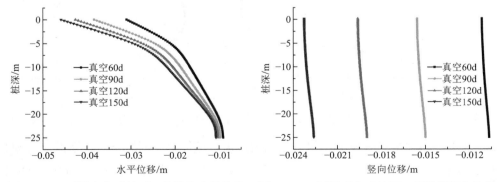

图 2.3-11　不同真空时长下 1 号桩的水平位移　图 2.3-12　不同真空时长下 1 号桩的竖向位移

表 2.3-5 为不同真空时长下 1 号桩的位移最值，从表可知，水平位移的最小值起主导作用，随着真空时长的增加其值也不断增加，分别增长 22.58%、38.71% 以及 48.39%；而竖向位移由于桩体竖向变形小，其最大值与最小值基本一致，随着真空时长的增加，其值有较大幅度的增加，竖向位移最大值分别增加了 36.36%、72.73% 以及 109.09%。不同真空时长下 1 号桩的位移最值如图 2.3-13 所示，从图中可知，1 号桩的水平位移最大值几乎无变化，而水平位移最小值（绝对值）则不断增大，几乎与真空压力呈线性相关；桩体的竖向位移与真空时长几乎呈正比。

不同真空时长下 1 号桩的位移最值　　　　　　表 2.3-5

真空时长/d	60	90	120	150
水平位移最大值/m	−0.009	−0.01	−0.01	−0.011
水平位移最小值/m	−0.031	−0.038	−0.043	−0.046
竖向位移最大值/m	−0.011	−0.015	−0.019	−0.023
竖向位移最小值/m	−0.012	−0.016	−0.02	−0.023

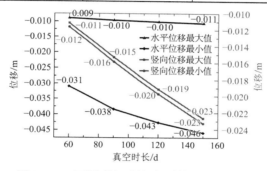

图 2.3-13　不同真空时长下 1 号桩的位移最值

2.3.3　不同排水线间距影响分析

1．不同排水线间距下的内力变化

不同排水线间距下 1 号桩的内力变化如图 2.3-14 和图 2.3-15 所示。从图可知，随着排水线间距的不断增大，桩体内力几乎无变化，仅有轻微增长。

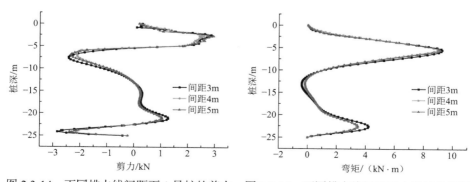

图 2.3-14　不同排水线间距下 1 号桩的剪力　图 2.3-15　不同排水线间距下 1 号桩的弯矩

2. 不同排水线间距下的位移变化

不同排水线间距下 1 号桩的位移变化如图 2.3-16 和图 2.3-17 所示。由图 2.3-16 可知，在真空预压阶段，1 号桩桩体向基坑侧倾斜，使桩身顶部的水平位移有较为明显的发展，在排水线间距从 3m 逐级增加至 5m 的过程中，1 号桩的水平位移无显著变化，仅在排水线间距由 3m 增加至 4m 时，减小 10%。这说明排水线间距在真空预压中对桩体水平位移的影响较小。从图 2.3-17 竖向位移可以发现，在随着排水线不断增大的过程中，其竖向位移仅在排水线间距从 3m 增长至 4m 的过程有较为明显的减小。整体表明排水线越密，素混凝土桩的位移越大。

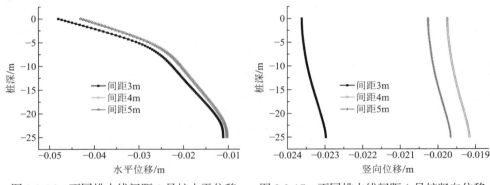

图 2.3-16　不同排水线间距 1 号桩水平位移　　图 2.3-17　不同排水线间距 1 号桩竖向位移

2.4　基坑开挖工况对复合地基处理的影响分析

使用 PLAXIS2D 程序对以下开挖工况进行模拟：不同开挖深度、不同开挖工期、不同放坡比以及前后支撑不同的工况。对 2D 模型已建立的模拟工况进行细化统计、汇总见表 2.4-1，共 17 种工况。下文将对已建立的基坑开挖阶段的 PLAXIS2D 模型数据结果进行整理，量化分析各个因素对素混凝土桩复合地基的影响。

基坑开挖工况　　　　　　　　　　　　　　　　表 2.4-1

序号	开挖深度/m	开挖工期/d	放坡比	隔离墙距离/m	前后支撑深度/m
1	4	30	3：6	14	8
2	5	30	3：6	14	8
3	6	30	3：6	14	8
4	7	30	3：6	14	8
5	4	10	3：6	14	8
6	4	20	3：6	14	8
7	4	60	3：6	14	8

序号	开挖深度/m	开挖工期/d	放坡比	隔离墙距离/m	前后支撑深度/m
8	4	90	3 : 6	14	8
9	4	30	3 : 5	14	8
10	4	30	3 : 7	14	8
11	4	30	3 : 6	15	8
12	4	30	3 : 6	16	8
13	4	30	3 : 6	17	8
14	4	30	3 : 6	14	10
15	4	30	3 : 6	14	12
16	4	30	3 : 6	14	14
17	4	30	3 : 6	14	16

2.4.1　不同开挖深度对既有素混凝土桩复合地基的影响

1．不同开挖深度下边桩（1号）的内力变化

不同开挖深度下的 1 号桩剪力与弯矩变化如图 2.4-1 和图 2.4-2 所示。从整体来看，桩体的剪力与弯矩均随基坑开挖深度的加深而增大，且变化显著。从单个工况来看，桩体内力主要分布在桩的上半部分，1 号桩的剪力在 0～5m 深度内呈现较为紊乱的分布，可能是由于该段深度与开挖深度相对应，而该范围内的土体受开挖影响扰动较大，导致桩体在周围土体带动下内力变化较大。从模拟结果来看，基坑开挖深度的加深对素混凝土桩的内力影响较大，在实际工程中应当注意。若要增加基坑开挖深度，需加强对素混凝土桩的防护措施，以免造成破坏。

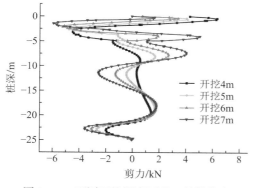

图 2.4-1　不同开挖深度下的 1 号桩剪力

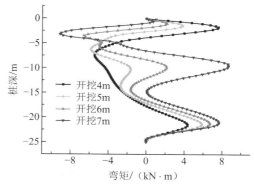

图 2.4-2　不同开挖深度下的 1 号桩弯矩

不同开挖深度下 1 号桩的内力最值变化如图 2.4-3 所示，从整体上看，剪力的变化趋

势与弯矩变化趋势大致相同，其最大值均呈先减小后增大，而最小值（绝对值）则不断增大，数值上呈现从以最大值占主导发展为以最小值占主导的规律。

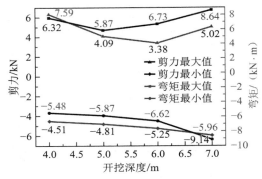

图 2.4-3　不同开挖深度下 1 号桩的内力最值变化

由表 2.4-2 不同开挖深度下 1 号桩的内力最值可知，1 号桩桩身剪力最大值在深度由 4m 增加到 7m 过程中，先呈较大程度的减小，相对 4m 深度的工况分别减小了 35.28%、46.52%，而后随着开挖深度进一步增加，其值相对初始工况减小 20.57% 至 5.02kN。剪力最小值在整个过程不断增加，相对于初始深度分别增加了 6.65%、16.41% 以及 32.15%；而随着基坑开挖深度的增加，1 号桩的弯矩最大值会先减小 22.66% 至 5.87kN·m，而后分别减小 11.33% 以及增加 13.83% 至 6.73kN·m 和 8.64kN·m。弯矩最小值（绝对值）在整个过程不断增大，从 5.48kN·m 增加至 9.14kN·m，分别相对初始深度增加 7.12%、20.80% 以及 66.79%，使桩体弯矩以正弯矩占主导逐渐发展为负弯矩占主导。

不同开挖深度下 1 号桩的内力　　　　　　　　表 2.4-2

开挖深度/m	4	5	6	7
剪力最大值/kN	6.32	4.09	3.38	5.02
剪力最小值/kN	−4.51	−4.81	−5.25	−5.96
弯矩最大值/（kN·m）	7.59	5.87	6.73	8.64
弯矩最小值/（kN·m）	−5.48	−5.87	−6.62	−9.14

2. 不同开挖深度下边桩（1 号）的位移变化

不同开挖深度下 1 号桩的水平、竖向位移变化如图 2.4-4 和图 2.4-5 所示，从水平位移的变化可以看出，开挖深度与桩体位移呈正相关。这与实际工程情况相一致，随着开挖深度的加深，原本处于受压状态下的土体所受荷载被卸载，邻近土体所受到的扰动加大，桩在土体的带动下位移不断开展，使其桩身位移不断增加。

不同深度下 1 号桩的位移最值变化如图 2.4-6 所示，竖向位移与水平位移的最大值、最小值（绝对值）均随开挖深度的增加而增大，且竖向位移的增长幅度相对水平位移更明显。

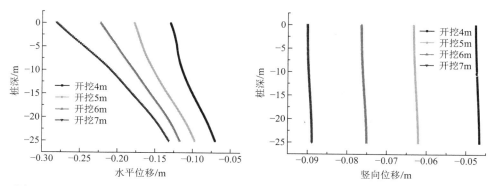

图 2.4-4　不同开挖深度下 1 号桩水平位移　　　图 2.4-5　不同开挖深度下 1 号桩竖向位移

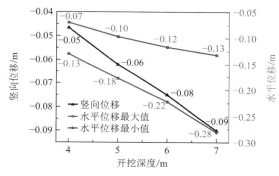

图 2.4-6　不同深度下 1 号桩的位移最值变化

表 2.4-3 为不同开挖深度下 1 号桩的位移最值，随着开挖深度从 4m 增加至 7m，桩体的竖向位移、水平位移最大值及最小值（绝对值）均不断增加。对于竖向位移，每增加 1m 的开挖深度，其值相对初始深度分别增加 20%、60%、80%。对于水平位移，其最大值（绝对值）相对于初始深度分别增加了 42.86%、71.43% 及 85.71%；而最小值（绝对值）则分别增加了 38.46%、69.23% 及 115.38%。

不同深度下 1 号桩的位移最值　　　　　　表 2.4-3

开挖深度/m	4	5	6	7
竖向位移/m	−0.05	−0.06	−0.08	−0.09
水平位移最大值/m	−0.07	−0.1	−0.12	−0.13
水平位移最小值/m	−0.13	−0.18	−0.22	−0.28

2.4.2　不同开挖工期对既有素混凝土桩复合地基的影响

1. 不同开挖工期下边桩（1 号桩）的内力变化

不同开挖深度下的素混凝土桩内力变化如图 2.4-7 和图 2.4-8 所示，其剪力与弯矩均随着开挖工期的增加，最大值先呈微弱上升趋势，后不断减小；最小值（绝对值）则不断增加。

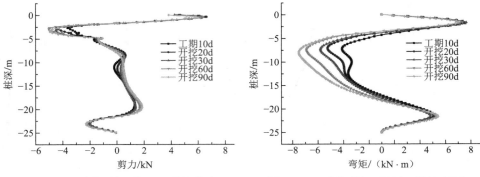

图 2.4-7　不同开挖工期下 1 号桩剪力　　　　图 2.4-8　不同开挖工期下 1 号桩弯矩

　　表 2.4-4 为不同开挖速率下 1 号桩的内力最值，1 号桩的剪力随着开挖时间延长，其最大剪力先呈微弱上升趋势，后不断减小，10～20d 增长了 3.1%，到 30d 几乎无变化，而 30～90d，分别减小 6.3%，13.7%；而其最小剪力（绝对值）随着时间延长不断增加，分别增加了 18.1%、28.37%、36.48%、43.78%。

不同开挖速率下 1 号桩的内力最值　　　　　　　　　　　　　表 2.4-4

开挖工期/d	10	20	30	60	90
剪力最大值/kN	6.35	6.55	6.35	5.95	5.48
剪力最小值/kN	−3.70	−4.37	−4.75	−5.05	−5.32
弯矩最大值/（kN·m）	7.42	7.80	7.71	7.40	6.81
弯矩最小值/（kN·m）	−3.82	−4.88	−5.5	−6.55	−7.06

　　表 2.4-4 中，1 号桩桩身弯矩最大值在 10～20d 时有所增长，而后续随着开挖时间的延长，其值不断减小，相对初始阶段先增加 5.12%、3.9%，后减小 0.27%、8.22%；而最小值（绝对值）则随着开挖时间增大，分别增长了 27.75%、43.97%、71.47%、84.82%。内力最值的变化图如图 2.4-9 所示。

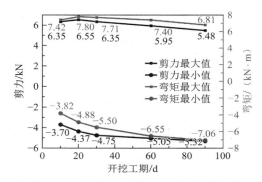

图 2.4-9　不同开挖工期下 1 号桩内力最值

2. 不同开挖工期下边桩（1号桩）的位移变化

如图 2.4-10 所示，随着开挖工期的延长，桩体水平位移曲线在深度 5～8m 处逐渐向基坑开挖侧突出，并且改变开挖速率对桩体水平位移产生的影响十分微弱，可能原因是基坑开挖深度并未发生改变，而开挖工期的延缓会使土体受到固结作用的影响，导致水平位移发生变化；竖向位移的变化规律则进一步验证了这一点，1号桩的竖向位移随开挖工期延长变化显著，这主要因为固结作用加深了土体的竖向沉积，从而带动桩体的竖向位移进一步加深。

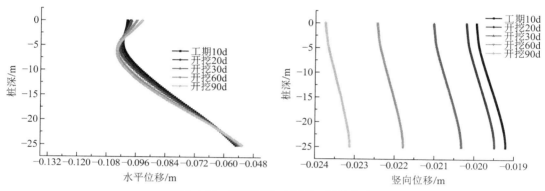

图 2.4-10　不同开挖工期下 1 号桩位移

由图 2.4-11 不同开挖工期下 1 号桩的位移最值变化可知，随着开挖工期延长，水平位移并无较大变化，仅竖向位移最值在较小范围内不断增加，说明开挖工期对 1 号桩体的位移最值影响较小。

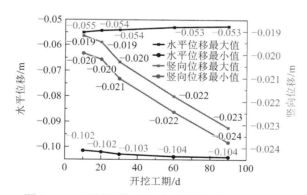

图 2.4-11　不同开挖工期下 1 号桩的位移最值变化

由表 2.4-5 不同开挖工期下 1 号桩的位移最值可知，在不同的开挖速率下，水平位移变化微弱，竖向位移也仅有一定程度增加，开挖工期从 10d 增加至 90d，其竖向位移最大值（绝对值）相对初始阶段分别增加 1.56%、5.73%、13.54% 和 20.31%；而最小值（绝对值）相对初始阶段分别增加 1%、5%、12.5% 以及 19%。竖向位移的最大值与最小值的变化幅度相近，这与桩在竖向基本不发生形变相对应。

不同开挖工期下 1 号桩的位移最值　　　　　　　　　　　表 2.4-5

开挖工期/d	10	20	30	60	90
水平位移最大值/m	−0.0551	−0.0544	−0.0541	−0.053	−0.0526
水平位移最小值/m	−0.1015	−0.102	−0.1029	−0.1038	−0.1039
竖向位移最大值/m	−0.0192	−0.0195	−0.0203	−0.0218	−0.0231
竖向位移最小值/m	−0.02	−0.0202	−0.021	−0.0225	−0.0238

2.4.3　不同放坡比对既有素混凝土桩复合地基的影响

1．不同放坡比下边桩（1 号桩）的内力变化

不同放坡比下 1 号桩剪力与弯矩如图 2.4-12 所示，由图可知，放坡比的增加对 1 号桩的内力影响较小，在 3 种放坡比下，1 号桩的剪力几乎无变化，弯矩则在桩体中上部有随着放坡比的减小而减小的趋势。

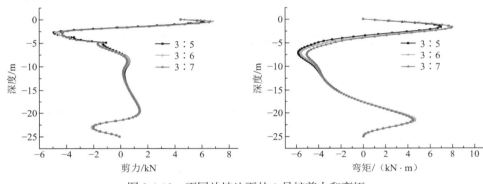

图 2.4-12　不同放坡比下的 1 号桩剪力和弯矩

不同放坡比下 1 号桩的内力最值如表 2.4-6 所示。从表中可以看出，随着放坡比的减小，1 号桩的最大剪力分别增加了 12.06%、17.55%，从 5.64kN 增加到 6.63kN。而最小剪力（绝对值）则逐步减小，从 4.69kN 减小到 4.40kN，分别减小了 3.84% 和 6.18%。

不同放坡比下 1 号桩的内力最值　　　　　　　　　　　表 2.4-6

放坡比	3：5	3：6	3：7
剪力最大值/kN	5.64	6.32	6.63
剪力最小值/kN	−4.69	−4.51	−4.40
弯矩最大值/（kN·m）	6.91	7.59	7.99
弯矩最小值/（kN·m）	−5.84	−5.48	−5.07

表 2.4-6 中不同放坡比下 1 号桩的最大、最小弯矩显示，随着放坡比的不断增加，1 号桩的最大弯矩相较坡比 3：5 的工况分别增加了 9.84% 和 15.63%，且放坡比为 3：7 时的弯矩 7.99kN·m 超过了素混凝土承受的最大弯矩。在该放坡比下，1 号桩可能会发生断裂破

坏。最小弯矩（绝对值）则与之相反，呈现减小的趋势，分别减少了 6.16% 和 13.18%。

2. 不同放坡比下边桩（1 号桩）的位移变化

不同放坡比下 1 号桩水平位移和竖向位移如图 2.4-13 和图 2.4-14 所示，结果与内力曲线的规律相似，在不同放坡比下，水平位移与竖向位移均变化较小，但整体上其变化规律与实际工程中相一致，随着基坑放坡比的减小，水平位移有微弱的减小，竖向位移几乎没有变化，放坡比从 3∶5 变化至 3∶7，竖向位移仅增加 5%。这是因为随着放坡比的减小，土体受到的扰动相对减小，主动土压力减小，桩体的水平位移也随之减小。

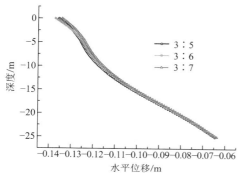

图 2.4-13　不同放坡比下 1 号桩水平位移　　　图 2.4-14　不同放坡比下 1 号桩竖向位移

2.4.4　不同隔离墙对既有素混凝土桩复合地基的影响

1. 不同隔离墙位置下边桩（1 号桩）的内力

表 2.4-7 为隔离墙不同位置下 1 号桩的内力最值，表中显示随着隔离墙距 1 号桩的距离不断加大，最大剪力不断减小，相较初始工况每米分别减小了 0.79%、6.80%、8.07%、6.33%。但其剪力最小值（绝对值）则在整个过程不断增加，分别增加 2.22%、5.99%、10.42%、11.97%。剪力最值的变化规律与弯矩变化规律基本保持一致，都是最大值先减小后有微弱上升，最小值（绝对值）不断增加。内力最值变化如图 2.4-15 所示。

隔离墙不同位置下 1 号桩内力最值　　　　　　　　　　　表 2.4-7

隔离墙/m	13	14	15	16	17
剪力最大值/kN	6.32	6.27	5.89	5.81	5.92
剪力最小值/kN	−4.51	−4.61	−4.78	−4.98	−5.05
弯矩最大值/（kN·m）	7.59	7.20	6.49	6.83	6.91
弯矩最小值/（kN·m）	−5.48	−6.06	−6.21	−8.92	−8.93

表 2.4-7 中，随着隔离墙距 1 号桩的位置不断增加，1 号桩的弯矩最大值先减小、后增大；而最小弯矩值（绝对值）不断增加，并逐渐超越其最大值。隔离墙由 13m 增加至 17m 过程中，1 号桩最小弯矩值分别增加了 10.58%、13.32%、62.77%、62.96%，其弯矩最值分

布图如图 2.4-15 所示。在隔离墙距离 1 号桩超过 16m 时，由图表可知其弯矩值超过了素混凝土桩所能承受的最大弯矩 7.98kN·m，桩体可能会发生断裂破坏。

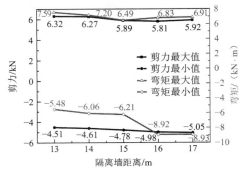

图 2.4-15　隔离墙不同距离下 1 号桩内力最值变化

2．不同隔离墙位置下边桩（1 号桩）的位移

隔离墙不同深度下 1 号桩的水平、竖向位移如图 2.4-16 和图 2.4-17 所示。从图中可以看出，在隔离墙不同深度下水平位移、竖向位移均只有微弱变化，说明隔离墙距 1 号桩的距离变化对其桩体的位移影响较小。

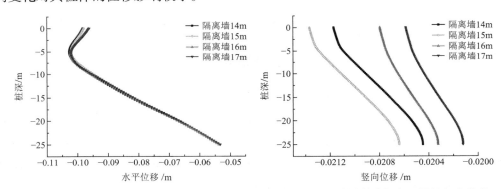

图 2.4-16　不同隔离墙深度 1 号桩水平位移　　图 2.4-17　不同隔离墙深度 1 号桩竖向位移

2.4.5　不同前支撑深度对既有素混凝土桩复合地基的影响

1．前支撑不同深度下边桩（1 号桩）的内力

前支撑不同深度下 1 号桩剪力如图 2.4-18 所示，由图可以发现，随着前支撑隔离墙的加深，桩体上半部分的剪力曲线几乎吻合，而下半部分剪力曲线的剪力最值则随着隔离墙的深度加深而不断下移，这可能是由于基坑的实际开挖深度并未改变，导致桩体产生的剪力最值并未产生较大变化，而前支撑深度的加深使得桩周土体稳定性沿深度方向得到加强，故桩体内力变化仅使极值点发生偏移。如图 2.4-19 所示，桩体的弯矩在前支撑不同深度下也表现出与剪力类似的规律，即上半部分的弯矩几乎无变化，仅下半部分弯矩最值发生偏移。但从整体上看，1 号桩的剪力极值点主要出现在 0～5m 深度处，弯矩极值点则出现在 2～4m 及 6～9m 深度处。

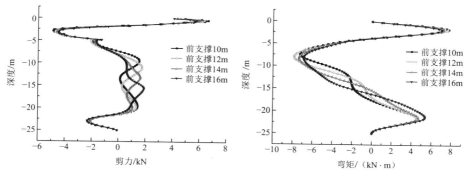

图 2.4-18　前支撑不同深度下 1 号桩剪力　　　图 2.4-19　前支撑不同深度下 1 号桩弯矩

前支撑不同深度下 1 号桩内力最值如图 2.4-20 所示，随着前支撑深度的增加，1 号桩的剪力（绝对值）均不断减小，而弯矩最小值（绝对值）先有一定程度增加，而后不断减小，这表明支撑的深度在隔离基坑开挖对素混凝土桩的内力影响中起到了较好的效果，在实际工程中有必要参考模拟结果增加对前支撑的相关加固，以减小基坑开挖对素混凝土桩的影响。

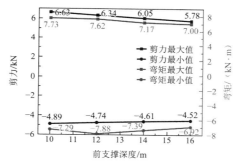

图 2.4-20　前支撑不同深度下 1 号桩内力最值

前支撑不同深度下 1 号桩内力最值如表 2.4-8 所示，随着前支撑深度的不断加深，剪力最大值与最小值（绝对值）均不断减小，从深度 10m 按 2m 的梯度增加至 16m 的过程中，剪力最大值相对 10m 深度分别减小 4.37%、8.75% 和 12.82%，而最小值（绝对值）相对 10m 深度分别减小 3.07%、5.73% 和 7.57%；最终导致最大值由 6.63kN 减小至 5.78kN，最小值（绝对值）由 4.89kN 减小至 4.52kN。而弯矩也同样随深度增加呈减小趋势，其中弯矩最大值分别相对初始阶段减小 1.42%、7.24% 和 9.44%，弯矩最小值分别相对前一阶段先短暂增加 8.09% 而后减小至 6.92kN·m。

前支撑不同深度下 1 号桩内力最值　　　　　　　　表 2.4-8

	前支撑深度/m	10	12	14	16
剪力	最大值/kN	6.63	6.34	6.05	5.78
	最小值/kN	−4.89	−4.74	−4.61	−4.52
弯矩	最大值/（kN·m）	7.73	7.62	7.17	7.00
	最小值/（kN·m）	−7.29	−7.88	−7.39	−6.92

2. 前支撑不同深度下边桩（1 号桩）的位移

前支撑不同深度下 1 号桩水平位移如图 2.4-21 所示，由图可知，前支撑不同深度下 1 号桩水平位移曲线变化较为微弱，这与前述所分析的内力规律相一致，即基坑的实际开挖深度并未发生变化，前支撑的深度增加只在原有基础上进一步提升了桩体下半部分桩周土体的稳定性。1 号桩的竖向位移如图 2.4-22 所示，前支撑深度从 10m 增加至 16m，竖向位移增加约 10%。

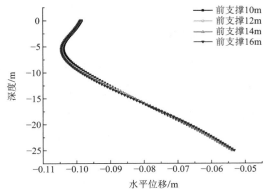

图 2.4-21 前支撑不同深度下 1 号桩水平位移　　图 2.4-22 前支撑不同深度下 1 号桩竖向位移

2.5 结论与对策

2.5.1 主要结论

本节针对实际工程中真空预压与基坑开挖阶段可能对素混凝土桩复合地基造成的影响进行了建模分析，分别设置了不同工况进行研究，并将结果与实际监测数据进行对比，验证了模型的可靠性，将标准工况下的 2D 模型与 3D 模型结果进行对比分析，验证了 2D 模型的可靠性。根据 2D 模型的结果，对所建立的真空预压和基坑开挖对素混凝土桩模拟工况的数据结果进行了整理分析，量化分析了不同工况下 1 号桩的内力与位移变化，主要结论如下：

（1）素混凝土桩受基坑开挖影响呈两侧大中间小的规律，且对于靠近基坑侧的桩体有越靠近基坑其桩体内力和位移越大的趋势。计算素混凝土桩的抗弯承载力可知，1～5 号桩以及 21 号桩在标准工况下有破坏的可能。

（2）对真空压强、真空时长以及排水线间距的对比结果显示，真空压强与真空时长影响较大，素混凝土所受影响与真空压强和真空时长呈正相关，且真空压强的影响更为显著。而排水线间距对素混凝土桩复合地基影响较小，在排水线排布较密间距 3m 时，桩体受到的影响明显加剧；当排水线间距为 4m 与 5m 时，其对素混凝土桩复合地基的影响基本相同。

（3）通过对已模拟的工况进行分析，发现开挖深度对素混凝土桩的影响较大，其内力和位移均随着基坑开挖深度的增大而增大；不同开挖工期对素混凝土桩的内力有较明显的影响，而对水平位移则影响不大，但竖向位移有随开挖工期延长而不断增加的趋势；不同放坡比下桩体内力和位移均反应较小，无明显变化；不同距离隔离墙对桩体的内力影响较大，而位移则无明显变化；前支撑不同深度下，桩体剪力和弯矩均随前支撑深度增加而不断减小，前支撑对于隔离基坑开挖对素混凝土桩的影响有一定效果。

2.5.2　建议对策

前述研究表明，真空预压阶段的真空压强与真空时长对素混凝土桩复合地基影响较大，工程中需注意结合实际情况和工程经验设置真空压差和真空时长，而排水线间距则相对影响较小，但排水线间距过密会使素混凝土桩的内力与变形增加；在基坑开挖阶段，数值模拟结果表明，开挖深度对周围结构的影响较为明显，若要增加开挖深度需提前对素混凝土桩进行加固，不同开挖工期（即开挖速率）下素混凝土桩的内力变化明显，主要是由于开挖速率影响土体孔隙水压力的消散以及土体固结等，基于模拟结果提出以下建议：

（1）对于真空预压阶段：真空压强设置在 60kPa 时，虽然对素混凝土桩的影响较小，但是其可能无法提供有效的真空度使降水效果满足要求，而当真空预压压强达到 80kPa 时，虽然其对素混凝土桩的内力和位移的影响均剧烈增长，但是能提供较好的降水效果，而后继续增加真空压力，其对复合地基的影响变化较小，根据目前的施工经验，膜下真空度可以维持在 85~95kPa，工程中可以在工程经验范围内适量增大所设压差；从不同真空时长的模拟结果来看，真空时长从 60d 增加至 90d 时，其内力与位移变化较大，而后增长幅度放缓，结合真空效果和工期，可以选择 90d 为真空预压周期；而从排水线间距的模拟结果来看，排水线不宜设置过密，4~5m 的间距较为合适。

（2）对于基坑开挖阶段：基坑开挖深度对复合地基的影响较大，若需增加开挖深度需注意增加对复合地基的防护与加固。从不同开挖工期的模拟结果来看，最小内力（绝对值）出现在 90d，综合来看开挖时间放缓有助于减小对素混凝土桩的影响，结合实际工期可适当延长开挖时间。而从建立的几组工况来看，放坡坡比对复合地基的影响较小。隔离墙距离桩群的距离主要对桩的弯矩有较大影响，模拟结果显示，当隔离墙距离桩群 15m 时其剪力与弯矩处于比较有利的值。前后支撑结果显示，随着前支撑深度的增加，基坑开挖对素混凝土桩复合地基内力与位移的影响均不断减小，建议综合实际情况和成本加深前支撑深度。

第 3 章

周边场地处理对素混凝土桩 复合地基影响与对策

中国南部沿海城市的快速发展，催生了大量修建于滨海吹填区软土地基的基建开发项目。这些软土通常具有天然含水率高、孔隙比大、抗剪强度低、压缩性强、渗透性差等特点，需进行处理以提升地基承载力。在深厚软土区，复合地基、排水固结或者多种方法联合处理应用非常广泛，市政道路通常先于地块开发前完成，这导致后期地块开发可能对既有道路造成不利影响。这种不利因素在地块软基处理时导致地基变形大，而邻近道路又采用抗剪强度较低的素混凝土桩复合地基时会被进一步放大。以珠海航空城滨海商务区为例，区域内的主要道路如丹凤四路、白龙路等多条道路周边都有成片的待开发地块。地块开发前一般都需要进行真空预压场地处理，这些处理过程中多次发现对既有道路的不良影响。

尽管当前周边环境对既有复合地基影响的相关研究已经取得了一定的成果，但是大多研究针对的都是较为常规的场地条件，对于深厚超软土滨海吹填土区域，由于其具有特殊的工程特性且素混凝土桩往往无法贯穿深厚软土层而采用悬浮桩设计，因此由于周边场地处理而造成既有道路断桩甚至路堤失稳现象时有发生，给道路安全带来潜在威胁。真空预压对软土区素混凝土桩复合地基变形带来的影响以及如何降低这种影响值得进一步研究。

为此，结合已有的研究成果，考虑滨海吹填超软土的非线性应力应变关系，通过有限元分析软件，系统地重现了桩基施工、固结、真空预压全过程工况，对真空预压场地处理对素混凝土桩复合地基影响进行研究，获得了场地处理导致的复合地基变形与受力规律，并通过对策模型分析结果，提出了降低影响的建议。

3.1　工程地质与地基处理设计

项目原型为珠海金湾滨海商务区某市政道路侧的真空预压场地处理工程，该市政道路在复合地基施工完成后由于路侧真空预压场地处理（图 3.1-1）导致了既有复合地基道路开裂和下沉等病害（图 3.1-2）。

图 3.1-1　丹凤四路道路及地块处理实况图

图 3.1-2 抽真空导致路侧严重开裂

场地除了表面较薄的一层吹填土外，还有一层人工填土。填土主要分为两层，上层为平均厚度约 40m 的淤泥，下层为砂质黏土和全风化砂岩，在场地处理边缘 10m 范围采用 15m 短排水板，中部采用 25m 排水板，排水板横纵向间距均为 1m，真空预压设计时间为 110d。用双排黏土搅拌桩作为密封墙，密封墙与复合地基边桩距离 8m，膜上覆水 1m。由于地块处于深厚软土区域，地基承载力很低，后续场地开发前需要进行场地处理（图 3.1-3 ）。地块南侧为素混凝土桩复合地基市政道路。场地处理时，道路已经施工近一年，尚未加铺路面结构。

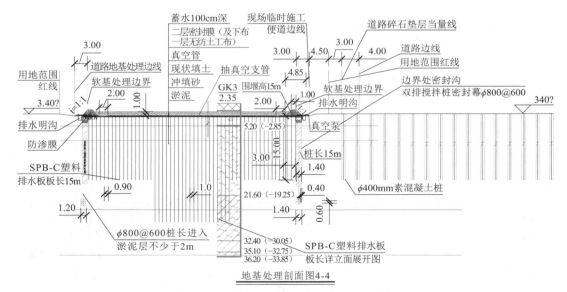

图 3.1-3 丹凤四路 H 地块场地处理断面

3.2 计算模型及验证

建立有限元模型时，为简化计算，计算模型中只取了厚度占绝对比例的淤泥一层来进行分析，所建立模型的几何尺寸如图 3.2-1 所示。桩长 25m，按正三角形布桩，桩间距 S = 1.6m，桩径 D = 0.4m，模型左右边界约束侧向位移，底部边界同时约束水平和竖向位移。模型左侧界限约为场地宽度的一半，按照对称假设设置为不允许渗流，模型底部也不允许渗流，其余边界允许渗流，地下水位在地表处。

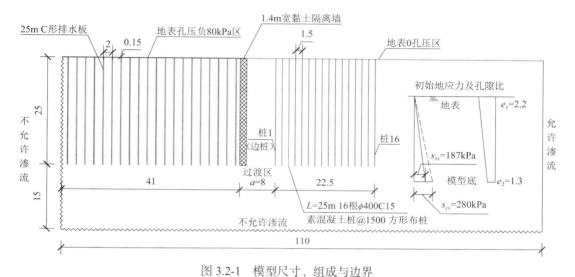

图 3.2-1 模型尺寸、组成与边界

3.2.1 固结分析验证

在正式建模前，先通过有限元方法对太沙基典型一维固结算例（图 3.2-2）进行模拟，后将其结果和理论计算的结果进行对比分析，来验证有限元方法的可靠性。

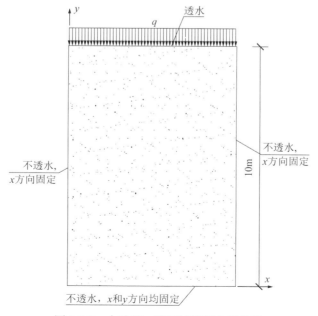

图 3.2-2 太沙基一维固结算例几何参数

（1）模型参数

模型几何参数见图 3.2-2，土体弹性模量 $E=3\text{MPa}$，泊松比 $\mu=0.3$，渗透系数 $k=1\times10^{-7}\text{m/s}$，初始孔隙比 $e=1.5$，加固时间 70d。

（2）边界条件

上表面为透水，自由。两边为不透水，x 方向固定，y 方向自由。下表面为不透水，x 和 y 方向均固定。

（3）理论计算

首先通过泊松比将弹性模量转换为压缩模量。

$$E_S=\frac{E}{1-\dfrac{2\mu^2}{1-\mu}}=\frac{3\times10^6}{1-\dfrac{2\times0.3^2}{1-0.3}}=4.04\times10^6\text{Pa} \tag{3.2-1}$$

再求时间因数 T_v 和固结度 U，其中固结度 U 取了前三项，因为后面的项对计算结果影响可忽略不计。

$$T_v=\frac{kE_s}{\gamma_w H^2}t=\frac{1\times10^6\times4.04\times10^6}{10\times10^3\times10^2}t=4.04\times10^{-7}t \tag{3.2-2}$$

$$U=1-\frac{8}{\pi^2}\sum_{m=1}^{\infty}\frac{1}{m^2}\exp\left(\frac{-m^2\pi^2T_v}{4}\right),\ \text{其中}\,m=1,\ 3,\ 5,\ 7\cdots \tag{3.2-3}$$

然后求出最终沉降，最后通过地基平均固结度公式求得某一固结历时 t 后所产生的固结变形，将其结果作图后与有限元结果进行对比（图 3.2-3）。

$$S_C=\frac{\Delta p}{E_S}h=\frac{100\times10^3}{4.04\times10^6}\times10=0.2476\text{m} \tag{3.2-4}$$

$$S_{ct}=S_C\times U \tag{3.2-5}$$

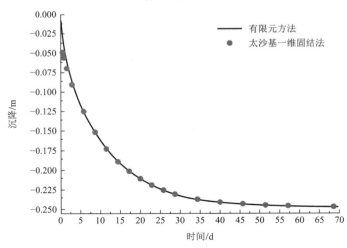

图 3.2-3　沉降时程曲线对比图

（4）计算结果表明有限元法和太沙基理论的计算结果非常吻合，可见在合理的工况下程序的准确性还是值得信赖的。

3.2.2　模型参数

1．排水板地基平面有限元简化计算方法

塑料排水板的截面为矩形，在进行平面应变简化模拟时，需要进行转化，首先利用周长等效将排水板转化为砂井，然后在砂井根据固结等效的原理（赵维丙）转化为连续分布的砂墙（图3.2-4），具体转化过程如下文所述。

塑料排水板等效直径的计算公式为：

$$d_{\text{w}} = \alpha \frac{2(b+d)}{\pi} \tag{3.2-6}$$

式中：b、d——排水板的长度和厚度；

α——换算系数，一般取 1.0 即可。

设排水板等效的砂井间距为s，塑料排水板的有效排水直径为D_{e}，当排水板呈正方形分布时，$D_{\text{e}} = 1.128s$；当排水板呈三角形分布时，$D_{\text{e}} = 1.05s$。

将砂井地基等效成砂墙地基，只要根据式(3.2-7)和式(3.2-8)调整砂墙地基的渗透系数（调整系数分别为D_x和D_y）即可，其中竖向渗透系数只与泊松比有关，而水平向渗透系数不但与泊松比有关，还与砂井井径比、井阻、涂抹、砂井间距放大系数等因素有关。转换后，三维砂井固结问题即变为砂墙地基的二维固结问题，该转换方法不能使地基中每一点的孔压都对应相等，但转换前后同一深度处平均固结度和平均孔压都是相等的，因此完全能够满足工程的实际需要。

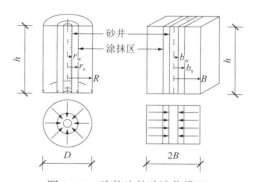

图 3.2-4　砂井地基砂墙化模型

$$D_x = \frac{4(n_{\text{p}} - s_{\text{p}})^2 (1+\upsilon) L^2}{9 n_{\text{p}}^2 \mu_{\text{a}} - 12\beta (n_{\text{p}} - s_{\text{p}})(s_{\text{p}} - 1)(1+\upsilon) L^2} \tag{3.2-7}$$

$$D_y = \frac{2(1+\mu)}{3} \tag{3.2-8}$$

$$\mu_{\text{a}} = \frac{n^2}{(n^2 - s^2)} \ln \frac{n}{s} - \frac{3n^2 - s^2}{4n^2} + \beta \frac{n^2 - s^2}{n^2} \ln s \tag{3.2-9}$$

其中：$n_{\text{p}} = r_{\text{e}}/r_{\text{wp}}$，$r_{\text{e}}$ 为砂井的有效排水半径，

r_{wp}为砂墙厚度的一半；

$s_p = r_{sp}/r_{wp}$，r_{sp}为砂墙涂抹区宽度的一半。

$L = B/r_e$，L代表沙井间距放大倍数，B为砂墙间距的一半；$\beta = k_{ra}/k_{sp}$，为渗透系数涂抹损失比，k_{ra}为排水板径向渗透系数，k_{sp}为涂抹区水平渗透系数；μ_a为与井径比$n = r_e/r_w$（r_w为砂井半径）、涂抹区半径比$s = r_s/r_w$（r_s为涂抹区半径）以及β有关计算参数；在有限元计算中采用的渗透系数k_{xp}、k_{yp}应该分别是实际砂井地基渗透系数k_{ra}、k_{ya}的D_x、D_y倍。

原设计排水板假设纵横$1m \times 1m$，采用C形排水板$100mm \times 4.5mm$，$r_w = (0.1 + 0.0045)/\pi = 0.033m = 3.3cm$。模型中，为了网格划分方便，取砂墙直径为$2r_{wp} = 0.15m$，并假设$s_p = s = 2$，砂墙的间距$2B = 2m$。假设选取的排水板的渗透系数取为$4 \times 10^{-5}m/s$。可以计算出$n_p = 13.3$，井径比$n = 17.1$，$\mu_a = 3.5$，$D_x = 0.538$，$D_y = 0.867$。

塑料排水板参数转化为等效砂墙地基后的值见表3.2-1。

塑料排水板参数转化为等效砂墙地基后的值 表3.2-1

类别	等效值
塑料排水板等效直径$d_w = 2r_w$	0.067m
塑料排水板有效排水直径$d_e = 2r_e$	1.13m
井径比n	17
砂井间距放大倍数L	1.77
塑料排水板的渗透系数k	$5 \times 10^{-5}m/s$
涂抹区半径比s	2
μ_a	3.5
塑料排水板涂抹直径d_s	0.158m
β	3
排水板泊松比	0.3
水平向渗透系数调整系数D_x	0.537
竖向渗透系数调整系数D_y	0.867
调整后水平向渗透系数k_{px}	$2.684 \times 10^{-5}m/s$
调整后竖向渗透系数k_{py}	$4.335 \times 10^{-5}m/s$

2. 材料参数

软土属于高度非线性材料，常规的摩尔-库仑（M-C）模型、德鲁克-普拉格（D-P）模型等无法考虑软土的这一应力应变特性关系。本模型中软土采用修正剑桥模型（MCC），该模型是最为经典的临界状态土力学本构关系，是等向硬化弹塑性模型，其修正了剑桥模型的弹头形屈服面，采用帽子屈服面（椭圆形见图3.2-5），以塑性体应变为硬化参数，能够较好地描述黏性土在破坏之前的非线性和依赖于应力水平或应力路径的变形行为。MCC模型从理论上和试验上都较好地阐述了土体弹塑性变形特征，是应用最为广泛的软土本构模型之一，具有形式简单且物理意义明确等优点，其包含的主要参数均可通过土的各向同性压缩试验和三轴压缩试验获得。该模型需要4个模型参数（见下文介绍）和2个状态参数，即初始孔隙比和先期固结压力。

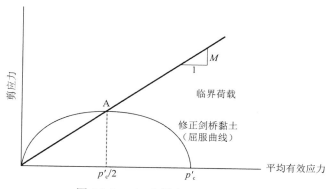

图 3.2-5　p'-q 空间上 MCC 屈服面

MCC 模型的屈服函数（表现为椭圆）可以用应力不变量 p' 和 q 来表示：

$$\frac{q^2}{p'} + M^2\left(1 - \frac{p'_c}{p'}\right) = 0 \tag{3.2-10}$$

其中

$$p' = \frac{\sigma'_1 + \sigma'_2 + \sigma'_3}{3} \tag{3.2-11}$$

$$q' = \frac{1}{\sqrt{2}}\sqrt{(\sigma'_1 - \sigma'_2)^2 + (\sigma'_1 - \sigma'_3)^2 + (\sigma'_2 - \sigma'_3)^2} \tag{3.2-12}$$

　　使用 MCC 模型时，需要 5 个主要参数，即 λ、M、a_0、β、k，其中 $a_0 = 0.5 \times \exp\left(\frac{e_1 - e_0 - k\ln p_0}{\lambda - k}\right)$，反映了初始屈服面的大小，该参数的物理意义是初始等向固结压缩曲线 e-$\ln p'$ 的 e 轴的截距（$\ln p' = 0$）。e_0 是初始孔隙比，λ 和 k 分别是等向固结压缩和回弹曲线在 e-$\ln p'$ 上的斜率（图 3.2-6），λ 和 k 又分别称为正常固结线斜率和超固结线斜率。M 为临界状态线 CSL 在 p'-q 空间上的斜率，与内摩擦角有关（对于三轴压缩 $M = \frac{6\sin\varphi}{3 - \sin\varphi}$），屈服面形状的另一参数 β 一般默认取 1。本模型中采用的参数如表 3.2-2 所示。

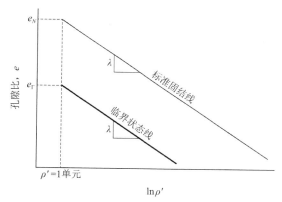

图 3.2-6　e-$\ln p'$ 平面上等向固结和临界状态线

材料参数　　　　　　　　　　　　　　　表 3.2-2

土类型	E/GPa	μ	λ	k	M	β	截距	K_x/（m/s）	K_y/（m/s）
软土	—	0.4	0.5	0.1	0.8	1	3.3	4×10^{-9}	2×10^{-9}
密封墙	—	0.4	0.5	0.1	0.8	1	3.3	1×10^{-9}	1×10^{-9}
支护结构	20	0.2							
素混凝土桩	300	0.15	—	—	—	—	—	—	—
排水墙	—	0.3	0.5	0.1	0.8	1	3.3	2.684×10^{-5}	4.335×10^{-5}

3.2.3 载荷及边界条件

分析中常常关注超静孔压分布及消散，因此本模型设置是基于超静孔隙水压力，重力通过施加体力（BODY FORCE，B_X、B_Y或B_Z）来实现，而无需设置初始总孔压的分布。但考虑到软土随着深度增加，孔隙比减小的特性，利用解析场来表征这种特性。

孔压边界取为：将模型场地处理范围表层结点的孔隙水压力取为负的真空压力-80kPa，砂垫层以外的地基表面孔隙水压力取为0，其他边界的孔压未知。这是因为真空预压时，首先降低密封膜下砂垫层中的孔隙水压力，形成膜下真空度，并通过排水通道向下传递。这使土体内部各点与排水通道及砂垫层中各点形成压差，从而发生由土中向边界的渗流；而在固结过程中，竖向排水通道的孔压是随时间变化的，孔隙水压力在加固过程中保持不变的只有砂垫层和砂垫层以外的地基表面。

本工程施工过程的模拟含两个步骤,包括自重应力平衡(步骤1)和真空预压施工步(步骤2)的加载、平稳维持以及卸载过程。真空荷载按照8kPa/d的速率施加和卸载。在载荷幅值曲线中设置荷载-时间表格，模拟现场开泵数量由少到多，稳步施加真空荷载的过程。最大真空荷载为-80kPa,满载维持90d,真空荷载施加以及模型初始状态施加分别见图3.2-7和图3.2-8。

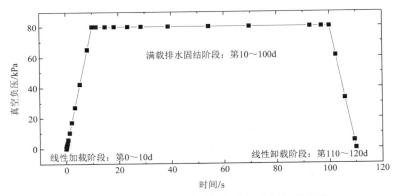

图3.2-7 真空预压区域顶部节点的负压加载曲线

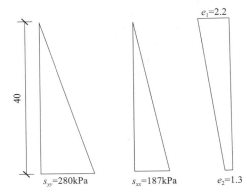

图3.2-8 MCC模型中输入的初始应力和孔隙比的分布

3.3　计算结果分析

3.3.1　变形分析

图 3.3-1 是真空预压处理区地面沉降时程曲线，由图可以看出随着荷载的逐步增加，地表沉降逐步增大，最大沉降在开始卸载时达到最大，约 2.2m。随着真空预压卸载，沉降发生少量回弹，回弹量约 9cm。

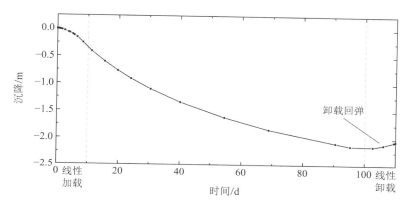

图 3.3-1　真空预压处理区地面沉降时程曲线

图 3.3-2 和图 3.3-3 展示了不同阶段模型的变形，模型在真空预压区呈现盘状凹陷，变形以沉降为主，最大沉降为 2.2m，水平最大位移集中在真空预压边界位置，最大水平位移达到 1.1m。

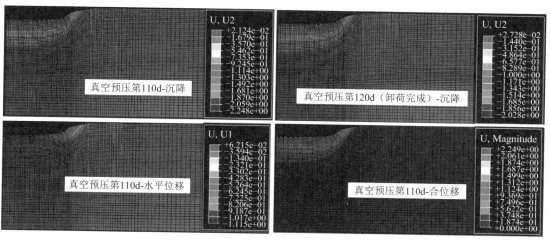

图 3.3-2　模型变形云图（放大 2 倍）

图 3.3-4 展示了几个不同时间点，真空预压区场地的沉降主要发生在排水板以上区域，由于上部的沉降包含了下层的累积沉降，因此实际应该从曲线的斜率来查看每个位置的实

际沉降效果。为此，将第 110d 的深度-沉降曲线数据进行处理，求得不同深度处的斜率，对比如图 3.3-4（b）所示，可见沿着深度每米沉降量与总沉降 Y-U_y 曲线具有相似的趋势。在排水板底部以下 5m，沉降量极小（占比不足 2%），越接近地表，每米沉降量越大。地表以下 5m 和 10m 范围内产生的沉降量占总沉降的 59% 和 78%，即绝大部分的沉降发生在地表以下数米的范围。

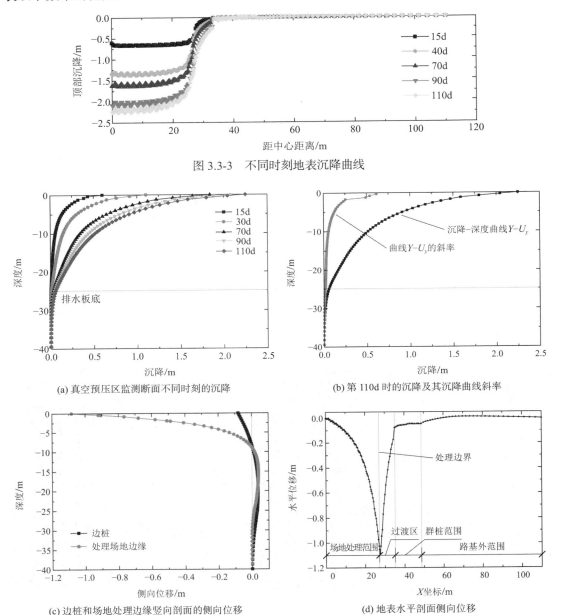

图 3.3-3　不同时刻地表沉降曲线

(a) 真空预压区监测断面不同时刻的沉降

(b) 第 110d 时的沉降及其沉降曲线斜率

(c) 边桩和场地处理边缘竖向剖面的侧向位移

(d) 地表水平剖面侧向位移

图 3.3-4　模型的沉降和侧向位移

侧向位移在处理边界处最大［图 3.3-4（d）］，处理边缘至边桩的过渡区，侧向位移快速减小（−110～−7.5cm），群桩范围内侧向位移从−8.0cm（近边桩）变化到−4.5cm（远边桩），变化幅度很小。这说明复合地基具有较好的整体性，限制了侧向位移的传递，而过渡区侧向位移的快速变化则表明该区域土体会产生很大的拉应力，反映在地表就是会出现地面开裂现象，最大主应变云图图 3.3-5 证明了这一点。该图中，场地处理边缘的最大主应变值最大，土体最易受拉变形屈服破坏。

图 3.3-5　最大主应变云图

3.3.2　孔压分析

图 3.3-6 为不同时刻的超静孔隙水压力云图（孔压为负值，本模型是基于超孔压分析，所有水压力均指的是超静孔压），由图可以看出真空压力由顶部向下逐步传递。传递时，由于排水板所在位置的渗透系数远比土体渗透系数大，真空负压首先传递到排水板，然后排水板孔压水平向传递到土体中。排水板和土体之间形成孔压差（图 3.3-7），正是这种孔压差使得水向着排水板处流动，这是排水板能够排水的基本原理。真空预压第 100d 时开始卸载，此时模型整体负压达到最大。在第 110d 卸载完成时，地表孔压已经归零，而此时在排水板中下部由于排水距离较远，孔压消散不及时，从而造成排水板顶部真空度小而下部真空度大的"滞后现象"。

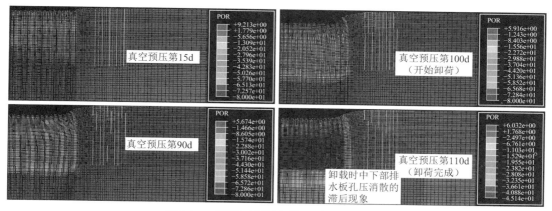

图 3.3-6　不同时刻的超静孔隙水压力云图

孔压沿着深度方向是变化的，孔压随着时间也是变化的，图 3.3-8 给出了不同深度排水板所在剖面的孔压时程曲线。由图可以看出顶部节点是按照图 3.2-7 变化的，随着深度的增加，负孔压逐步衰减。

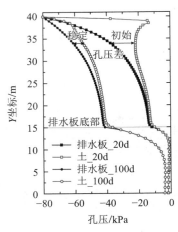

图 3.3-7　不同时刻排水板和土的孔压分布

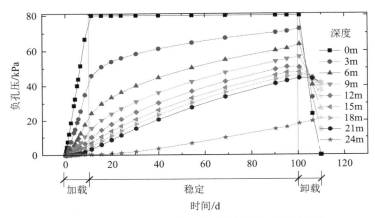

图 3.3-8　排水板竖向剖面不同深度的孔压时程曲线

3.3.3　受力分析

如图 3.3-9 所示，负孔隙水压力使土体发生卸荷作用，引起群桩中上部存在向左倾覆趋势，左侧边桩变形最大，因向下的拖拽力而受到轴压力，靠右侧的桩则以受拉为主。最大弯矩分布在真空预压一侧。轴力（−23～17kN）和弯矩（−15～2.1kN·m）作用下产生的应力分别在−0.14～0.18MPa 和 0.3MPa～2.4MPa 之间，可见弯矩是桩破坏的控制因素。1号和 2 号桩最大拉应力分别为 2.3MPa 和 1.5MPa，均超出了 C20 轴心抗拉强度标准值1.54MPa，忽略轴力影响，可认为桩临界弯矩 M_0 为 9.4kN·m。按照弯矩的大小位置分布，可知群桩可能先从边桩中部断裂，然后向复合地基中心逐步蔓延。依据《建筑桩基技术规范》JGJ 94—2008，按不利计算，不考虑群桩效应并假设桩顶有−20kN 拉力时，单桩水平承载力特征值（$R_{ha} = 5.4$kN）大于群桩剪力，即桩并不会受剪破坏。为简化计算，以后只评估群桩的变形和弯矩。

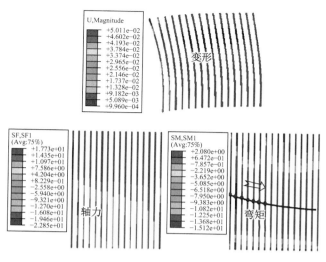

图 3.3-9　桩的变形与受力

3.4　对策模型分析

为了降低场地处理对素混凝土桩复合地基的影响，本节分析了多种可能的控制措施，并对其影响进行了计算和分析。前述分析可知，在开始卸载的时刻（$t = 100d$），桩受力和变形均最大。除图中特殊说明外，本节中提取的结果均取该时刻进行相关分析。

3.4.1　控制场地处理边界距路堤边缘最小距离

真空预压会对既有道路造成不利影响，为了研究这种不利影响，通过改变场地处理边界距路堤边缘距离 a（图 3.2-1）的大小，来分析在不同 a 值情况下，复合地基的受力和变形。a 值分别取 2m、5m、8m、11m、14m、17m、20m、23m、26m、29m。

如图 3.4-1 和图 3.4-2 所示，当 a 值从 29m 逐步减小为 2m 时，边桩的沉降和竖向位移、边桩的弯矩、轴力和剪力均显著增加。桩侧的侧向位移主要发生在中上部，当 $a < 5m$ 时，边桩受到的变形很大，桩顶最大侧向位移超过 10cm；当 $a = 2m$ 时，最大侧向位移达到 30cm。显然，这种工况下路面会严重开裂，复合地基发生断桩现象。

由图 3.4-1 可知，随 a 逐渐变小，边桩的弯矩快速增大，其中桩顶以下 5m 处的增长速度最快。$a = 2m$ 工况比 $a = 5m$ 工况的弯矩增加了 3 倍，轴向力增加了 1 倍，可见尽可能控制场地处理边界距复合地基的距离能够显著降低对复合地基道路的影响。

由图 3.4-2 可以看出，a 值增大时，1 号桩顶部的位移迅速减小。当 a 超过 23m 时，桩顶的侧向位移和沉降分别降低至 3mm 和 1.5mm。可以认为，此时复合地基受到场地处理的影响可以忽略不计。

图 3.4-3 直观地对比了 $a = 2m$ 和 $a = 29m$ 两个极端情况下的整体变形图，可以看出对

于 $a = 2m$ 工况，边桩一侧的土体发生很大沉降，对桩产生很大的下拉力和水平拉力。而当 $a = 29m$ 时，尽管场地处理产生的总位移不变，但是群桩所在位置基本未发生位移，可见控制场地处理边缘距道路边缘距离具有重要意义。

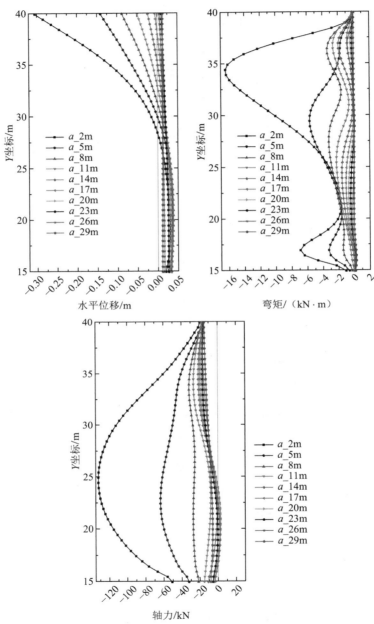

图 3.4-1　不同 a 值时 1 号桩的变形受力图（$t = 100d$）

图 3.4-2 还可以看出桩变形以侧向位移为主（侧向位移大于沉降），这与本模型所假设的条件有关。由于软土和隔离墙的渗透系数很小，真空负压难以传递到复合地基下方，并且刚性桩复合地基主要表现为竖向增强，而水平抗力较弱，因此复合地基位置的沉降小于

侧向沉降。然而，当软土渗透系数调大到 $k = 4 \times 10^{-7}$m/s，隔离墙失效（将其渗透系数设置为软土一致）时，更多的负孔压传递到复合地基区域（图 3.4-4），桩的沉降则显著大于侧向位移。1 号桩顶部侧向位移和沉降分别为 7.2cm 和 20.7cm，这与前述模型侧向位移占主要部分完全不同。

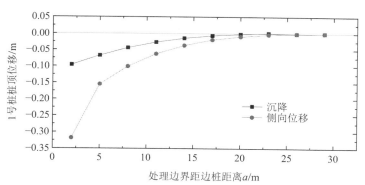

图 3.4-2　不同 a 值时 1 号桩顶部的位移（$t = 100$d）

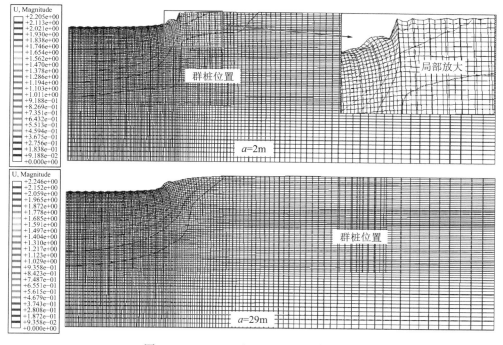

图 3.4-3　$a = 2$m 及 $a = 29$m 时整体变形

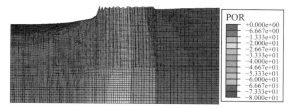

图 3.4-4　土渗透系数 $k = 4 \times 10^{-7}$m/s，无隔离墙工况下的孔压云图（$t = 100$d）

3.4.2　道路范围真空预压预处理

若在施工素混凝土桩复合地基前，预先在道路路基范围内进行真空预压处理，然后再施工复合地基，则可以有效降低工后沉降。这种联合处理方法对既有道路还有较好的保护作用，可以降低场地处理对既有复合地基道路的影响，本节将进行深入探讨。

如图 3.4-5 所示，假设道路真空预压排水板分布范围在最外侧桩外约 5m，路基范围排水板的参数均与场地处理区域排水板一致。道路范围的真空预压假设最大真空压力为60kPa，线性加卸载时间均为 10d。模型中两个区域真空负压的大小变化曲线如图 3.4-6所示。

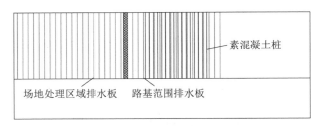

图 3.4-5　排水板的设置

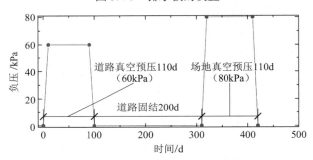

图 3.4-6　模型中真空预压变化曲线

图 3.4-7 为不同时刻的孔压分布图，可以看出道路范围内真空预压卸载后，顶部孔压先完成消散，深部孔压消散较慢；固结 200d 后，孔压部分消散；随后的路侧场地真空预压处理过程中，由于隔离墙的阻隔，孔压未传递到复合地基范围。

图 3.4-8 为道路真空预压完成后和路侧真空预压完成后的位移图，可以看出道路真空预压完成时，道路路基已经发生 1.6m 总位移，路侧真空预压完成时，最大位移增加到 2.2m，位移之所以进一步增大，是由于场地处理的真空度（−80kPa）比道路范围内更大（−60kPa）。1号桩所在位置（路基边缘）土体先向右发生变形，随后场地处理时再向左发生变形，最终该位置处的土体位移恢复，总侧向位移很小。

从复合地基变形来看，由于真空预压已经使路基范围固结基本完成，路侧真空预压时，基本不会对路基产生工后沉降且道路工后沉降相比未真空预压时有所降低。另外，由于道路真空预压后与路侧真空预压后的总位移较为接近（过渡区的沉降差较小），因此路面不易出现拉裂缝，对减小未来路面病害起到积极作用。

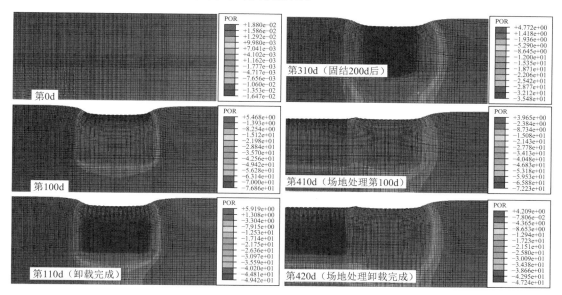

图 3.4-7　不同时刻孔压分布云图

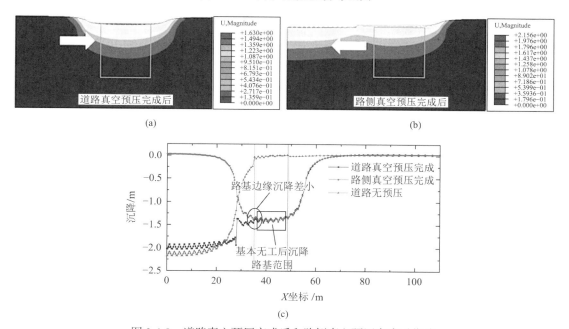

图 3.4-8　道路真空预压完成后和路侧真空预压完成后位移

图 3.4-9 是 $a = 8m$ 时边桩（1 号桩）的变形和受力图，可以看出道路真空预压处理后固结过程（144～720d），边桩桩侧向位移呈"右偏"状态逐步归位；当路侧场地处理时（720～830d）边桩侧向位移基本回到"零点"，稍向左偏移（侧向位移 0.7cm，仅为无预压处理时侧向位移 8.0cm 的 8.8%）。同样，道路范围真空预压处理后，边桩的弯矩为正值，随着后期固结及路侧真空预压，边桩的弯矩逐渐降低至 0。由此可见，道路范围先采用真空预压

预处理可以大幅度减小复合地基因路侧场地处理而产生的不利影响。

即便是路侧场地处理边缘距离路基很近（$a = 2m$，图 3.4-10），路基范围先行进行真空预压处理，也可以分别将边桩最大侧向变形从未处理时的 30.4cm 降低至 1.4cm，最大弯矩从 16.4kN·m 减小至 0（820d）。而此时路侧场地处理产生的侧向位移也大大减小，从无预处理产生水平总位移 110cm 降低至处理后的 7.5cm。

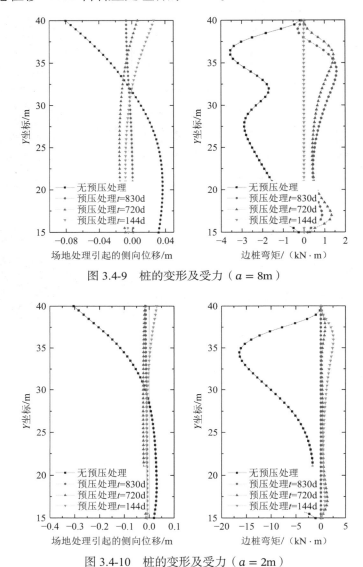

图 3.4-9　桩的变形及受力（$a = 8m$）

图 3.4-10　桩的变形及受力（$a = 2m$）

以上分析表明，在施工素混凝土桩复合地基前，首先对道路范围内的场地进行真空预压处理，预先使道路产生沉降，则后续路侧场地开发时，道路沉降与真空预压场地的沉降差及路侧水平位移将大大减小，复合地基中的桩受力降低至很低水平，是一种效果非常好的复合地基道路保护方式，值得推广运用。

3.4.3　调整排水板长度

本节拟讨论改变邻近道路一侧一定范围内排水板的长度以控制对既有道路的变形和受力影响。前述模型中排水板长度统一为 25m，此处考虑将距处理边缘 10m 和 20m 范围内的排水板变更为 15m 以及将排水板全部变更为 15m 的工况（图 3.4-11）。

前述模型中排水板长度统一为 25m，此处考虑将处理用 10m 的 M 方案和用 5m + 15m 的 N 方案。两种方案使用排水板的数量相同。

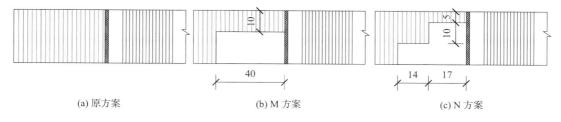

(a) 原方案　　　　　　　　(b) M 方案　　　　　　　　(c) N 方案

图 3.4-11　排水板设计工况

如图 3.4-12 所示，减小排水板的长度，边桩的侧向位移和弯矩呈减小趋势。M 和 N 方案分别比全部采用 25m 排水板的桩相对侧向位移减小了 4.3cm、4.2cm，降幅分别为 63% 和 62%。采用 M 方案有利于减小桩中下部的弯矩，但是对桩顶以下 10m 范围作用不大；N 方案则显著减小了全桩身弯矩，最大弯矩为 7.2kN·m（$< M_0 = 9.4$）。

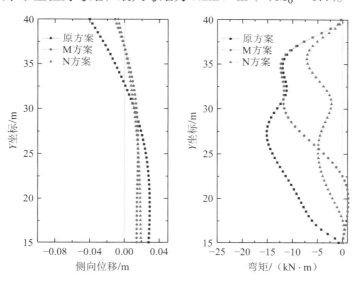

图 3.4-12　不同排水板布置时边桩的变形和受力

对比可知，在场地边缘采用更短排水板的 N 方案更优。这是由于排水板的井阻作用，抽真空时，发生的沉降（包括边界侧向位移）主要由中上层的排水板贡献，仅减小深层排水板长度并不能明显降低复合地基边缘的变形。如图 3.4-13 所示，场地处理范围内 M 和 N 方案与原方案的沉降相差 17~40cm，并没有对场地处理效果产生明显不利影响。

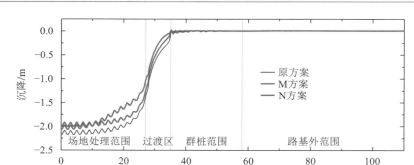

图 3.4-13   不同排水板布置时的地表沉降

3.4.4   加强复合地基边缘支护

场地受限情况下，加强路侧支护是复合地基最常见的保护措施之一。如图 3.4-14 所示，过渡区右侧设计 1m 宽 25m 长混凝土支护时（基本工况，编号为 D），支护桩范围受到的应力较大，支护结构作用下群桩受到应力降低了一半（2.3MPa- > 1.2MPa），可见支护桩能够替代复合地基抵抗侧向卸荷产生的相应荷载，与路堤作为整体而变形，从而对群桩产生保护作用。该支护作用下，1 号边桩不再是受力最大桩，为此将群桩最大弯矩作为判定支护效果的指标。

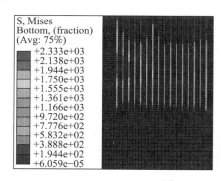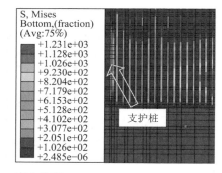

图 3.4-14   Mises 应力分布

如图 3.4-15 所示，各工况以 D 为基础进行修改，编号 A～M（无 L）。工况 B 中 L 代表将基本工况 D 中的材料改为水泥土，布置在过渡区左侧。分析了支护结构材料、位置、深度、宽度、锚固及组合式等不同类型以评价各支护方案的可行性。其中，锚固是指在桩顶下 1m 处采用全长注浆锚杆进行加固，以增强群桩整体。水泥土搅拌桩、钢混支护以及锚索采用线弹性模型，弹性模量和泊松比分别取 300MPa、0.3，30GPa、0.2，195GPa、0.1。

图 3.4-16 为多种工况下边桩侧向位移，为方便描述，分别编号 A～M（无 L），各工况是以基本工况 D 为基础修改的，例如 B 水泥土 L 代表基本工况 D 中的材料改为水泥土且布置在过渡区左侧。由图 3.4-16 和表 3.4-1 可以看出在水泥土支护下，最大弯矩出现在邻

近场地处理一侧,而强混凝土支护下,最大弯矩则出现在远离地基处理一侧。分析表明,钢混支护对侧向位移和弯矩的控制效果均比水泥土更好,尤其是可以降低群桩最大弯矩,钢混工况下最大弯矩均未超过临近弯矩$M_0 = 9.4\text{kN} \cdot \text{m}$,而水泥土支护各工况弯矩均超过$M_0$。无论是钢混支护还是水泥土支护,R 布置均比 L 布置对侧向位移和弯矩控制效果更好。R 布置时,增加锚固对钢混支护控制位移和弯矩效果不明显,但对水泥土支护效果明显。L 布置时,增加锚固会使侧向位移增大。对比 D 和 F 可知,混凝土支护 R 布置时,无须设置锚索。D、J 对比可知,双侧钢混支护比单侧支护位移小,但效果不明显。K、M 工况对比可知,钢混支护下,宽度 0.6m 和 1.2m 对侧向位移影响不大,但与无支护工况相比,钢混支护下边桩弯曲程度明显降低。不同工况下的边桩侧向位移云图见图 3.4-17。

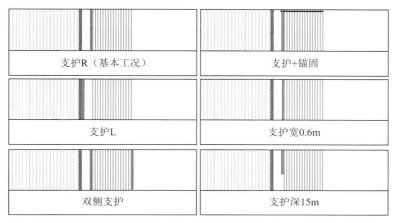

图 3.4-15　路侧支护方案

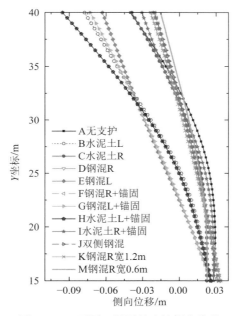

图 3.4-16　不同工况下的边桩侧向位移

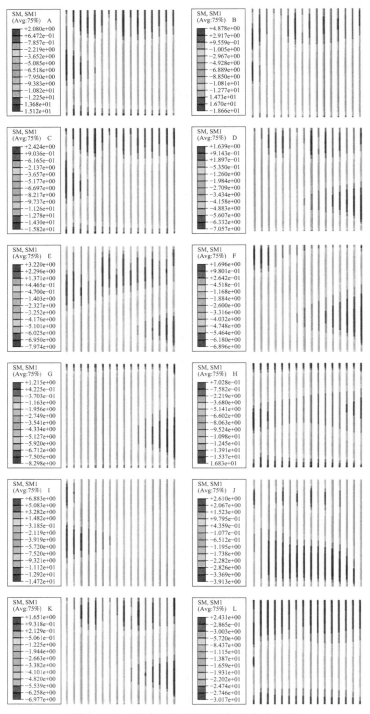

图 3.4-17　不同工况下的边桩侧向位移云图

不同支撑下的弯矩位移汇总　　　　　　　　　　　　表 3.4-1

支护类别	工况	$\lvert M_{\max} \rvert$，位置，是否破坏/（kN·m）	最大侧向位移/cm	相对侧向位移/cm
无支护（A）		−15.1，左，是	−4.0	−6.8

续表

支护类别	工况	$\|M_{max}\|$，位置，是否破坏/（kN·m）	最大侧向位移/cm	相对侧向位移/cm
基本工况（D）		−7.0，右，否	−2.3	−5.6
材料	水泥土（C）	−14.8，左，是	−3.9	−6.6
	钢混（D）	−7.0，右，否	−2.3	−5.6
位置	L（E）	−7.8，右，否	−6.3	−8.8
	R（D）	−7.0，右，否	−2.3	−5.6
	双侧（J）	−3.9，中，否	−2.1	−5.3
宽度	0.6m（M）	−7.5，右，否	−2.6	−5.8
	1.2m（K）	7.0，右，否	−2.3	−5.7
深度	15m（N）	−30，左，是	−4.0	−6.8
	25m（D）	−7.0，右，否	−2.3	−5.6
锚固（F）		−6.9，右，否	−2.0	−5.3
水泥土 L（B）		−18.7，左，是	−7.8	−10.4
水泥土 R 锚固（I）		−13.7，左，是	−3.1	−5.8
水泥土 L 锚固（H）		−16.8，左，是	−9.6	−12.1
钢混 L 锚固（G）		−8.3，右，否	−7.3	−9.8

3.5　结论与对策

针对路侧真空预压对既有素混凝土桩复合地基的影响及其防治的研究，得到以下主要结论：

（1）以上分析的四类措施均能在一定程度上减小路基沉降、侧向位移和复合地基素混凝土桩的受力。其中，控制场地处理边界距离路基边缘距离效果很好，能够同时控制路基变形和降低边桩的受力。计算显示，当真空预压处理边界距离道路边缘距离 a 超过 23m 时，复合地基受到的影响可以忽略不计。

（2）在道路范围内首先进行真空预压处理，然后再施工素混凝土复合地基，可以极大地减小复合地基的工后沉降和路基外过渡区的沉降差，路面开裂病害会显著降低。而且道路范围场地处理还会大大减小桩受到的弯矩和剪力（接近 0）。即便当路侧场处理边缘距路基很近（ a = 2m）时，这种预处理方式也可以将桩的变形和受力控制在非常低的水平，是深厚软土区值得推广的地基处理方式。

（3）在本模型计算参数范围内排水板由 25m 减小到 15m 时，边桩的侧向位移可以降低 63%，边桩中下部的弯矩有明显减小，但桩的最大弯矩受到的影响较小。在实际场地处理设计中，将路侧一定范围内的排水板长度减小，可以从一定程度上降低对既有复合地基道路的影响。

（4）加强路侧支护是对道路保护的有效措施，具体表现为：①从材料上看，钢混支护效果明显比水泥土更优，当路基边缘有水泥土支护结构时，群桩中的最大弯矩出现在邻近场地处理一侧，而强混凝土支护下，最大弯矩则出现在远离地基处理一侧。钢混支护对侧向位移和弯矩的控制效果均比水泥土更好，尤其是可以降低群桩最大弯矩。②从支护位置上来看，支护结构布置在过渡区的右侧（R 布置）均比布置在过渡区的左侧（L 布置）对侧向位移和弯矩控制效果更好。双侧钢混支护比单侧支护位移小，但效果不明显。③从支护宽度上看，钢混支护下，宽度 0.6m 和 1.2m 对侧向位移影响不大，但与无支护工况相比，钢混支护下边桩弯曲程度明显降低。④从支护深度上来看，15m 钢混支护下的边桩弯矩远大于 25m 支护工况，因此必须保证支护结构有足够的深度，例如支护结构深度不低于复合地基桩深。⑤支护＋锚固的复合方式将支护结构布置在过渡区右侧（R 布置）对于水泥土搅拌桩有一定效果，但是对于钢混支护则效果较差。

（5）考虑到在复合地基施工前进行场地处理的效果最好，而先建设道路再开发路侧地块会对道路产生不利影响。因此，建议相关建设和管理单位可以先行将整个开发片区进行场地处理（含道路），然后修建道路并将真空预压处理的价格合并到土地出让时的价格中，一并拍卖给开发商，就能最大限度避免后续复合地基道路出现工后沉降过大、断桩、路面开裂等一系列问题。

综上，建议对金湾深厚软土区素混凝土桩复合地基道路，应该控制场地处理边界与复合地基边缘之间的距离，当距离超过 23m 时，应对复合地基道路采取保护措施，例如可以考虑在复合地基道路边缘设置支护结构，也可以缩短靠近复合地基边缘排水板的长度或者在施工复合地基前先进行真空预压处理。当利用路侧支护结构保护道路时，应选择刚度较大的钢混结构并使支护结构紧邻素混凝土桩复合地基，支护的宽度选用较为经济的 0.6m 或 1.2m 即可，支护的深度应尽可能深入到复合地基桩端以下，这样对既有复合地基具有良好的保护效果。

第 4 章

交通荷载对素混凝土桩复合
地基影响与对策

位于滨海吹填土地区的道路工程，其力学性质较为特殊，复合地基受路堤自身静载作用和车辆循环往复荷载的耦合作用。现有对软土地区刚性桩复合地基的研究较少，了解掌握得不够深入，不合理的施工设计导致工程建设困难甚至事故的报道屡见不鲜。为了研究交通荷载作用对滨海吹填区素混凝土桩复合地基的影响，以数值模拟的方法，研究不同等效静荷载大小、等效动荷载大小、幅值、频率以及循环作用次数作用下素混凝土桩复合地基应力分布特征、变形沉降特征、塑性损伤积累变化规律，探索长期车辆荷载作用下复合地基的塑性损伤积累与车辆疲劳荷载循环作用次数、作用频率、作用幅值的关系。

4.1　计算模型

4.1.1　模型基本尺寸

为了模拟交通荷载对素混凝土桩复合地基力学行为的影响，选用了珠海航空产业园滨海商务区市政配套工程二期 KE0＋700～KE0＋740 段复合地基作为研究对象，按照 1∶1 原尺寸建模。

图 4.1-1 为路面-路堤-地基系统的几何尺寸示意图。半幅路基顶面宽度为 9m，底面宽度为 10m，高度为 0.75m；在素混凝土桩顶部上覆一层厚度为 0.15m 的碎石垫层，边坡斜率为 1∶1；X 方向上碎石垫层坡脚至素混凝土桩顶水平距离为 0.4m，Y 方向上碎石垫层坡脚至素混凝土桩顶水平距离为 0.4m。素混凝土桩间距为 1.6m，桩径为 0.4m，平面布置方式为梅花式，桩长为 25m，X 方向上设置 13 排桩，Y 方向上设置 2 排桩。

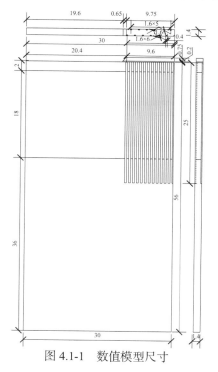

图 4.1-1　数值模型尺寸

地层结构从上至下依次为 2m 的吹填土，18m 的淤泥和 36m 的淤泥质土。Z方向零平面选在碎石垫层与吹填土的交界处及素混凝土桩复合地基的顶部。FLAC3D 划分的路基网格模型如图 4.1-2 和图 4.1-3 所示，模型由 20400 个单元、27186 个节点组成。路基、碎石垫、吹填土、淤泥和淤泥质土采用 brick 实体单元建立，为了更好地模拟桩间土应力和位移特征，素混凝土桩也采用 brick 实体建立。

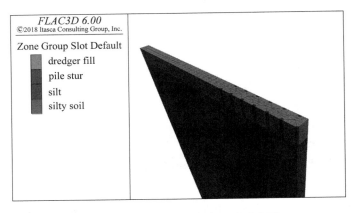

图 4.1-2　素混凝土桩复合地示意图

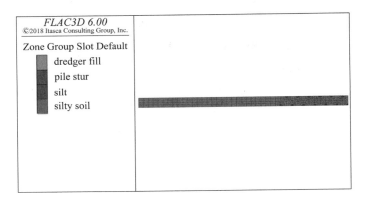

图 4.1-3　素混凝土桩复合地基模型俯视图

4.1.2　数值模型材料参数及初始应力平衡

路基、碎石垫层、吹填土、淤泥、淤泥质土以及素混凝土桩采用 brick 实体单元进行模拟，其中路基、碎石垫层、吹填土以及素混凝土桩服从摩尔-库仑屈服准则（Mohr-Coulomb Model）及弹塑性增量本构关系，淤泥以及淤泥质土层采用塑性硬化模型（Plastic-Hardening Model）。模拟中采用的各项材料参数如表 4.1-1 所示，各项物理力学参数根据现场取样进行单轴压缩试验、室内三轴试验、直接剪切试验以及共振柱试验获取。

FLAC3D 中的塑性硬化（P-H）模型非常类似于 PLAXIS 硬化土模型，可以模拟相同土体的硬化行为，P-H 模型是一种可以模拟土体剪切硬化和体积硬化的本构模型。在承受偏主应力荷载（例如常规三轴压缩）时，土体通常表现为刚度的减小，并伴随着不可逆的变形。在大部分时候，三轴试验所得偏主应力-轴向应变通常表现为一种双曲线形。这种特征就是"双曲线土体"模型，如经典的邓肯-张模型是一种非线弹性的模型。

数值模型材料参数   表 4.1-1

土体类型	材料模型	γ_{unsat}	γ_{sat}	E_{50}^{ref}	E_{eod}^{ref}	E_{ur}^{ref}	m	c'	φ'	k	G_0^{ref}	$\gamma_{0.7}$
		kN/m³	kN/m³	MPa	MPa	MPa		kPa	°	m/d	MPa	
吹填土	M-C	18	20	50				2	32	0.3		
淤泥	P-H	15	15.4	3	3	10	0.75	11	9	0.8×10^{-3}	16	2×10^{-4}
淤泥质	P-H	16.5	16.8	3.5	3.5	14	0.7	16.4	10	3.3×10^{-3}	20	1.5×10^{-4}

注：表中参数从左向右依次为非饱和重度、饱和重度、标准三轴排水试验割线刚度、侧限压缩试验切线刚度、卸载再加载刚度、刚度的应力相关幂指数、有效黏聚力、有效摩擦角、渗透系数和剪切模量衰减到初始剪切模量70%时所对应的剪应变。

P-H 模型是依据塑性 Schanz 等提出的硬化理论而非弹性理论编制而来，该模型已经逐步替代了这种非线弹性模型。P-H 模型具有如下特点：

（1）三轴压缩时具有双曲线形的应力应变关系；

（2）剪切引起塑性应变（剪切硬化）；

（3）主压缩引起塑性应变（体硬化）；

（4）具有应力相关的弹性模量（杨氏模量）；

（5）采用卸载/再加载的弹性模量；

（6）采用摩尔-库仑的破坏准则。

P-H 模型的参数很容易通过传统实验室或现场试验来获得，并且在土/结构相互作用、基坑开挖、隧道开挖、沉降分析以及众多其他领域应用非常广泛。

在土木工程中，初始应力场的存在和影响不容忽略，它既是影响岩土体力学性质的重要控制因素，也是岩土体所处环境条件下发生变化时引起变形和破坏的重要应力源之一。在 FLAC3D 中，初始应力场的生成办法较多，有弹性求解法、改变参数的弹塑性求解法以及分阶段弹塑性求解法。本模型使用改变参数的弹塑性求解法生成初始应力场，数值模型初始应力平衡过程如下：

第一步：先给土体施加初始重力场和孔隙水压力，所有材料模型均采用摩尔-库仑模型进行第一次初始应力平衡计算，按默认精度求解（1×10^{-5}），直到达到土体自身的地应力平衡。

第二步：将淤泥土层和淤泥质土层的本构模型由摩尔-库仑模型修改为塑性硬化模型，再进行一次初始应力平衡计算，按默认精度求解（1×10^{-5}），获取较为准确的土体初始应力场。

土体的压实过程是在短暂不规则的荷载作用下，土体密实度逐渐增大的过程。通过压实土体内部颗粒重新排列组合，原先土体孔隙中的水、气被挤出，土体获得强度、稳定性。土体抵抗变形的能力、压实质量的高低将直接影响土基的承载能力和上部结构在运营期间的沉降。土体在压路机强振状态下的反复碾压过程中，塑性变形的增量逐渐减少，当压实进入最后阶段时，路基土层的变形值逐渐趋于稳定，塑性变形增量趋于零。在本数值模拟研究中，采用在路基顶部施加均布准静态荷载的方法，以模拟路基的压实过程，压实荷载的施加位置如图 4.1-4 所示。

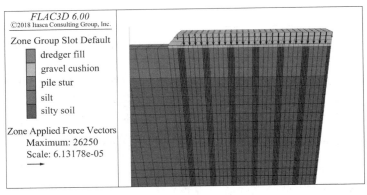

图 4.1-4　路基填筑后模拟压实荷载

常用压路机（如 KS-225H-2 型压路机）作业时，对路基顶面的压力约为 200kPa，故在数值模型的顶面施加一个 200kPa 的均布静态荷载，按默认精度求解至应力和变形平衡，此时素混凝土桩复合地基以及路基结构的塑性变形增量逐渐减小到接近于 0，表明路基和复合地基已经压实。静态荷载下数值模型达到应力和变形平衡后，再移除路基表明的静态荷载，使路基和复合地基的弹性变形逐步释放，数值模型达到施加交通荷载前的应力和位移状态，初始孔隙水压力和竖向应力分别如图 4.1-5 和图 4.1-6 所示。

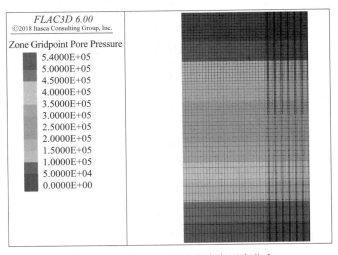

图 4.1-5　数值模型初始孔隙水压力分布

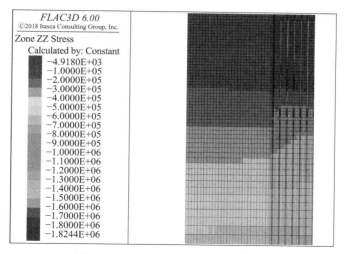

图 4.1-6　数值模型初始竖向应力分布

4.2　模型验证

4.2.1　数值模型基本信息

根据所研究的内容，建立了 12 个不同几何尺寸的数值模型，进行了 22 种不同工况下的数值模拟研究，具体方案如表 4.2-1 所示。在交通荷载作用下，通过修改标准模型中的相关参数及动力荷载影响因素，求解出数值模型在交通荷载作用下素混凝土桩复合地基的动力响应特性，再进行对比分析得出相关结论。

数值模拟方案   表 4.2-1

序号	荷载频率/Hz	荷载振幅/kPa	桩身模量/MPa	桩长/m	桩距/m	桩径/m	布桩方式
1	6						
2	8						
3	10	100	120	25	1.6	0.4	梅花式
4	12						
5		40					
6		60					
7	10	80	120	25	1.6	0.4	梅花式
8		120					
9			160				
10	10	100	200	25	1.6	0.4	梅花式
11			240				

续表

序号	荷载频率/Hz	荷载振幅/kPa	桩身模量/MPa	桩长/m	桩距/m	桩径/m	布桩方式
12	10	100	120	15	1.6	0.4	梅花式
13				20			
14				30			
15	10	100	120	25	1.2	0.4	梅花式
16					1.4		
17					1.8		
18					2		
19	10	100	120	25	1.6	0.3	梅花式
20						0.4	
21						0.8	
22	10	100	120	25	1.6	0.4	正方形矩阵

已有的研究结果表明，双轴汽车、三轴汽车、四轴汽车和六轴汽车轮胎接地压力主要集中在 40～120kPa，动荷载频率主要集中在 8～12Hz，因此对该范围内的交通荷载工况开展参数化研究。移动车辆荷载接地压强为 P，轮胎接地形状假定为长 0.25m、宽 0.22m 的矩形。车辆荷载作用在有限元模型路基上，接地面积以及大小如图 4.2-1 所示。单个机动车道宽度为 3.75m，数量为 4 个，因此交通荷载按双向 4 车道布置，同时布置 4 个交通荷载。由于数值模型为半幅路基，所以在数值模型上所施加的交通荷载为 2 个，交通荷载布置方式如图 4.2-2 所示。

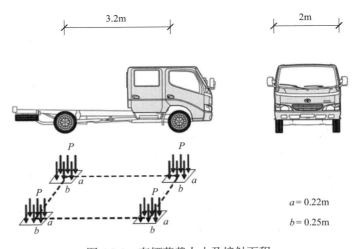

图 4.2-1　车辆荷载大小及接触面积

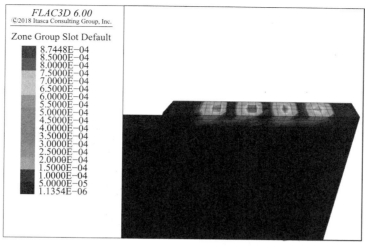

图 4.2-2　交通荷载布置图

　　为了研究交通荷载对素混凝土桩复合地基的影响，在地基顶面沿着路基横断面布置了 14 个监测点，并且在该 14 个监测点下层土深分别为 2m、5m、10m、20m、30m 位置均设置监测点，共 84 个监测点，以监测交通荷载作用过程中土体竖向位移和竖向应力。对于复合地基中的素混凝土桩，分别在 13 根桩的桩顶以及深度分别为 2m、5m、10m、20m、25m 位置设了监测点，共 78 个监测点，以监测每根桩处于不同深度处的竖向位移、水平位移和竖向应力，相关监测点的位置以及编号如图 4.2-3 所示。

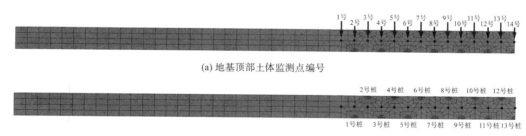

(a) 地基顶部土体监测点编号

(b) 地基顶部桩体监测点编号

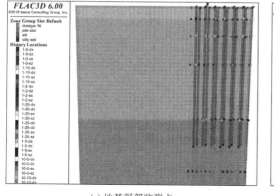

(c) 地基深部监测点

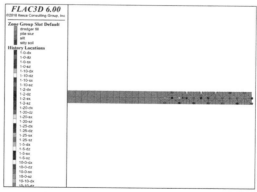

(d) 地基顶部监测点

图 4.2-3　桩的应力和变形时程曲线

4.2.2　现场交通荷载试验模拟

现场交通荷载试验如图 4.2-4 所示，图 4.2-5 为试验传感器布置方案以及交通荷载的加载位置，试验工况如表 4.2-2 所示，采用三轴渣土车，车辆载重为 27.4t 和 38.2t，行驶速度为 10km/h、20km/h、40km/h，行驶次数均为 10 次。

图 4.2-4　交通荷载现场试验

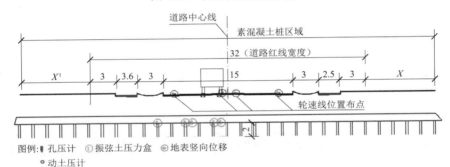

图 4.2-5　传感器布置方案及交通荷载加载位置（单位：m）

现场交通荷载试验工况　　　　　　　　　　　表 4.2-2

组号	车型	车辆载重/t	行驶速度/（km/h）	作用次数/次
1	三轴渣土车	27.4（≈标载）	20	10
2	三轴渣土车	27.4（≈标载）	40	10
3	三轴渣土车	38.2（超载）	20	10
4	三轴渣土车	38.2（超载）	10	10

根据现场测试试验结果，拟定施加于数值模型的加载波形如图 4.2-6 所示。

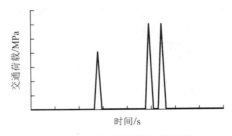

图 4.2-6　交通荷载加载波形

如图 4.2-7 所示，前、中、后轮驶过产生三个压力峰值，在交通荷载过后压力恢复到原来水平；车速越大，峰值出现的时间差越小；车辆荷载级别越大，压力峰值越大，与现场试验所测数据规律相同，大小相近。

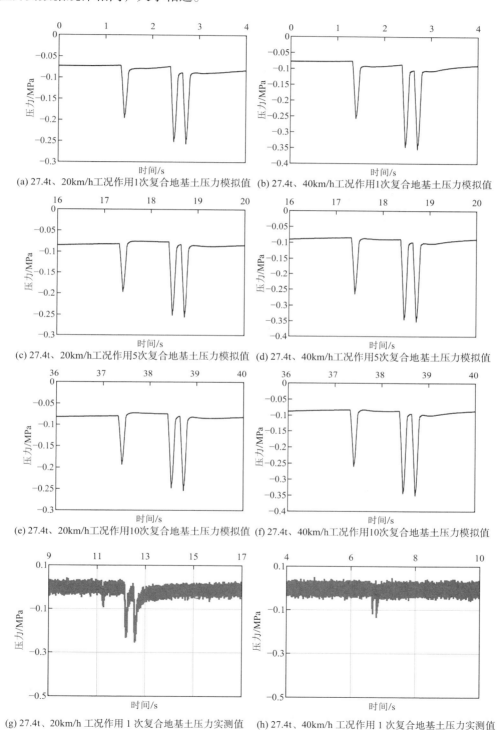

(a) 27.4t、20km/h工况作用1次复合地基土压力模拟值　(b) 27.4t、40km/h工况作用1次复合地基土压力模拟值

(c) 27.4t、20km/h工况作用5次复合地基土压力模拟值　(d) 27.4t、40km/h工况作用5次复合地基土压力模拟值

(e) 27.4t、20km/h工况作用10次复合地基土压力模拟值　(f) 27.4t、40km/h工况作用10次复合地基土压力模拟值

(g) 27.4t、20km/h 工况作用 1 次复合地基土压力实测值　(h) 27.4t、40km/h 工况作用 1 次复合地基土压力实测值

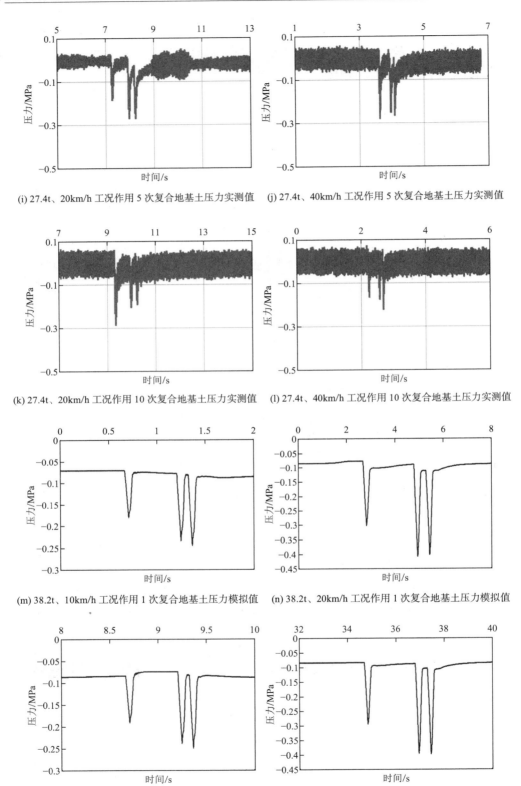

(i) 27.4t、20km/h 工况作用 5 次复合地基土压力实测值

(j) 27.4t、40km/h 工况作用 5 次复合地基土压力实测值

(k) 27.4t、20km/h 工况作用 10 次复合地基土压力实测值

(l) 27.4t、40km/h 工况作用 10 次复合地基土压力实测值

(m) 38.2t、10km/h 工况作用 1 次复合地基土压力模拟值

(n) 38.2t、20km/h 工况作用 1 次复合地基土压力模拟值

(o) 38.2t、10km/h 工况作用 5 次复合地基土压力模拟值

(p) 38.2t、20km/h 工况作用 5 次复合地基土压力模拟值

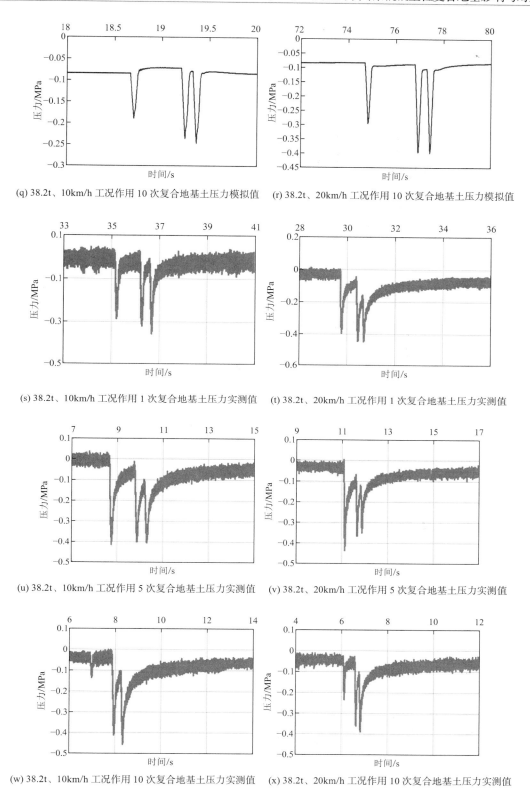

(q) 38.2t、10km/h 工况作用 10 次复合地基土压力模拟值　　(r) 38.2t、20km/h 工况作用 10 次复合地基土压力模拟值

(s) 38.2t、10km/h 工况作用 1 次复合地基土压力实测值　　(t) 38.2t、20km/h 工况作用 1 次复合地基土压力实测值

(u) 38.2t、10km/h 工况作用 5 次复合地基土压力实测值　　(v) 38.2t、20km/h 工况作用 5 次复合地基土压力实测值

(w) 38.2t、10km/h 工况作用 10 次复合地基土压力实测值　　(x) 38.2t、20km/h 工况作用 10 次复合地基土压力实测值

图 4.2-7　不同交通荷载作用下复合地基土压力（模拟值与实测值）

　　如图 4.2-8～图 4.2-11 所示，车速对各轮最大压力峰值影响较小，各轮压力峰值随循环次数变化规律不明显。

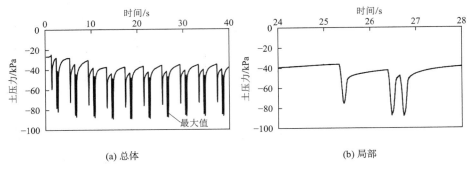

(a) 总体　　　　　　　　　　　　　　(b) 局部

图 4.2-8　27.4t、20km/h 下复合地基顶部最大土压力

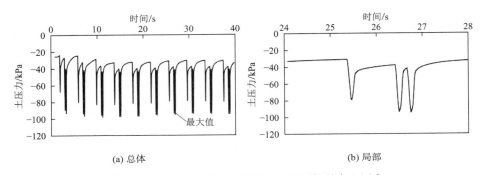

(a) 总体　　　　　　　　　　　　　　(b) 局部

图 4.2-9　27.4t、40km/h 下复合地基顶部最大土压力

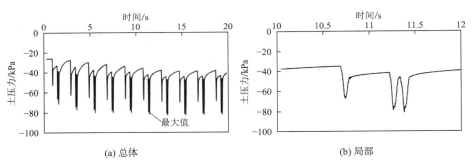

(a) 总体　　　　　　　　　　　　　　(b) 局部

图 4.2-10　38.2t、20km/h 下复合地基顶部最大土压力

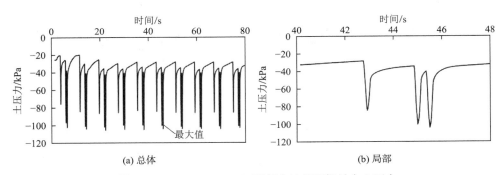

(a) 总体　　　　　　　　　　　　　　(b) 局部

图 4.2-11　38.2t、10km/h 下复合地基顶部最大土压力

图 4.2-12 为不同交通荷载作用下复合地基顶部土体的最大位移，结果表明当车辆荷载相等时，车速越大，所造成的土体位移越小；车速相同时，车辆荷载的增大会显著提升复合地基土体的变形，这与现场试验所得出的结论相同。

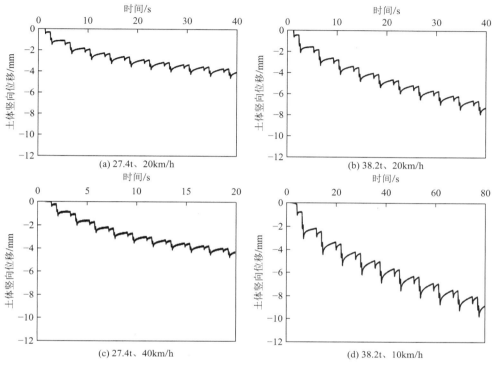

图 4.2-12　交通荷载作用下复合地基顶部最大土体位移

4.3　参数分析

本书主要研究在交通荷载作用下，素混凝土桩复合地基模型在不同工况下的沉降响应分析，主要内容包括以下几个方面：

（1）素混凝土桩复合地基在不同车辆速度（荷载频率）、车辆类型（荷载振幅）作用下的桩顶沉降、桩间土压力分布情况分析；

（2）素混凝土桩复合地基在不同桩参数下，包括桩身模量、桩长、桩径、桩间距、布桩方式等因素，分析对沉降的影响。

4.3.1　交通荷载下复合地基的动力响应

在 FLAC3D 软件中通过在素混凝土桩复合地基路面层施加车辆荷载来代替交通荷载的作用，得出复合地基在车辆荷载作用后距道路中线不同位置处桩、土的应力和变形时程曲线（图 4.3-1 和图 4.3-2）。

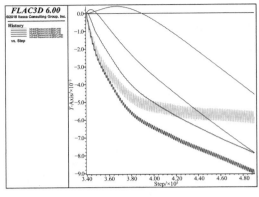

(a) 3 号桩不同深度处竖向位移

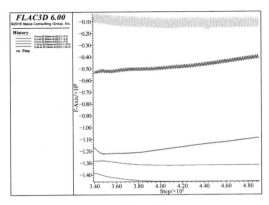

(b) 3 号桩不同深度处竖向应力

图 4.3-1　桩的应力和变形时程曲线

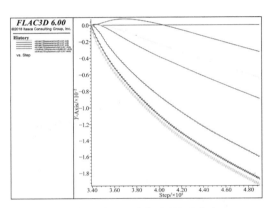

(a) 3 号桩周边土不同深度处竖向位移

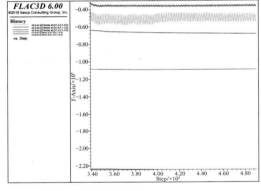

(b) 3 号桩周边土不同深度处竖向应力

图 4.3-2　桩间土的应力和变形时程曲线

　　经压实过后的复合地基，无论是桩体的竖向应力还是土体的竖向应力，在交通荷载作用下变化不大，表现为竖向应力受交通荷载的扰动随地基深度的增大而增大，当土体深度超过 2m 时，桩体的竖向应力以及桩周土体的竖向应力不再随交通荷载的循环作用而产生循环变化并趋于稳定。素混凝土桩复合地基的桩顶和桩间土的竖向位移在交通荷载作用下有小幅度增大，竖向位移随着地基深度的增大而减小，在地基顶部竖向位移最大。桩周土体在交通荷载作用下竖向位移要大于桩体的竖向位移，桩顶出现上刺现象。

　　图 4.3-3 为交通荷载下桩间土的水平位移和竖向位移分布特征，从中可以看出：

　　（1）在复合地基加固区，由于素混凝土桩的存在，地基竖向位移相较于非加固区要小，加固区地基深度越大，竖向位移相差越大。素混凝土桩加固区内桩间土的竖向位移随着深度的增大而减小，随着距道路中线距离的增大而增大。

　　（2）在交通荷载作用下，桩间土体的最大水平位移主要集中在地基 2～10m 的深度以及桩底，距道路中线最远处的桩侧土体水平位移较大，要大于受交通荷载作用下方桩间土的水平位移。

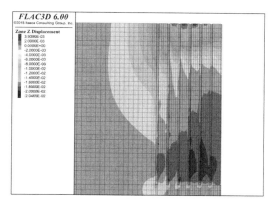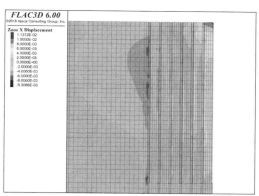

图 4.3-3　交通荷载下桩间土的水平位移和竖向位移分布特征

图 4.3-4 直观呈现了交通荷载作用下桩间土的变形。复合地基原理是通过桩与桩间土共同承担上部荷载，因此对于复合地基工作性状来说，最重要的一点就是保证桩间土承受上部荷载，发挥土体作用。但是单纯的把桩基深入在土体中而不采取其他措施，并不能保证桩间土始终处于承载状态，因此复合地基中都会铺设一定厚度的褥垫层，通常由粗砂、碎石等散体材料和土工格栅组成，可以合理地分配桩体与桩间土体分担的上部荷载。其主要原理在于与桩间土体模量相比，桩体模量很大，在上部压力作用下，桩间土的变形要大于桩体的变形，产生了差异沉降，即桩的上刺现象。桩体的刺入会把垫层中的颗粒材料挤入桩间土的上方，上部荷载通过垫层传递至桩间土体，保证了桩间土始终发挥承载作用。

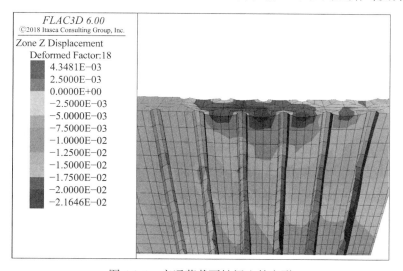

图 4.3-4　交通荷载下桩间土的变形

图 4.3-5 为交通荷载下桩体的水平位移和竖向位移分布特征，从中可以看出：

（1）随着地基深度的增大，桩体的竖向位移在不断减小，距离道路中线越远处的桩体竖向位移相较路基中部素混凝土桩体的竖向位移要大。

（2）交通荷载作用下素混凝土桩的水平位移分布较为均匀，总体上随着地基深度的增大而减小，距处于交通荷载作用点较近的桩体其水平位移较小，距处于交通荷载作用点较远的桩体水平位移较大。

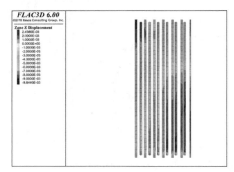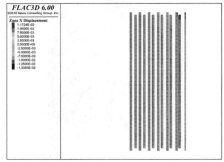

图 4.3-5　交通荷载下桩体的水平位移和竖向位移分布特征

将复合地基的软土置换为桩体后，由于桩体与土体的模量差异导致了桩土差异沉降，上部荷载主要由桩体承担并传递到深层持力层，充分发挥了桩的强度，提高了复合地基的承载力。在荷载作用下，软基土体向周围产生变形，因此产生沉降，加入桩体后，可以限制桩间土的水平变形和侧向变形，提高了地基稳定性；并且在将桩打入土层的过程中，在产生的振动和冲击作用下，桩间土的孔隙比、含水率、干密度减少，加固区土层的物理性能改善，抗沉能力提高。天然地基在承受上部荷载后，荷载直接传递到地基浅层并不会向深层土层传播，浅层土体在强度不高的情况下会产生变形过大的问题；加入桩体后，刚性桩复合地基将上部荷载通过桩体传递到深层持力层，有效地增加了复合地基承载力，减少了地基沉降。图 4.3-6 直观地展现了交通荷载作用下复合地基的差异沉降。

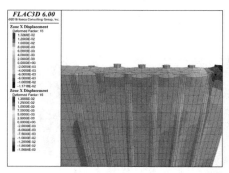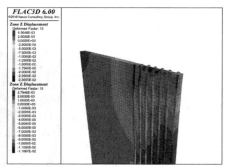

图 4.3-6　交通荷载作用下复合地基的差异沉降

复合地基中素混凝土桩体的竖向位移随着桩身深度的增大均表现出先增大后减小的变化趋势，绝大部分桩体的最大竖向变形发生在桩身深度 2m 处，即吹填土层和淤泥土层的交界处，3～5 号桩的最大竖向变形发生在桩身深度为 10m 处，3～5 号桩所处位置为距道路中线最远处的交通荷载作用区域下方。不同位置素混凝土桩体竖向位移随桩身深度的变化如图 4.3-7 所示。

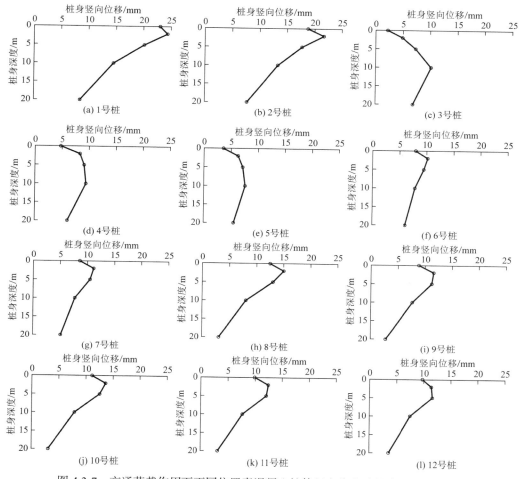

图 4.3-7　交通荷载作用下不同位置素混凝土桩体竖向位移随桩身深度的变化

　　由图 4.3-8 可得素混凝土桩体竖向位移随道路中线距离的变化特征。发现桩身较大竖向位移发生在距道路中线距离最远处的 1 号、2 号桩，即处于路基边坡处的桩；而处于交通荷载作用区域下方的桩身竖向位移相对较小，并且每根桩之间的最大竖向位移差距不大。桩顶竖向位移表现出同样的特征，最大的桩顶竖向位移达到 25mm，最小桩顶位移为 2.3mm，表明在路基边坡处也需要进行压实处理。

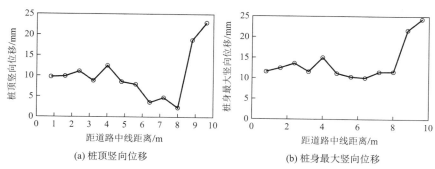

图 4.3-8　素混凝土桩体竖向位移随道路中线距离的变化

　　复合地基中素混凝土桩体的水平位移随着桩身深度的增大表现出明显的位置分布特征，对处于交通荷载作用区域下方的桩体，如3～7号桩，其桩体的水平位移方向随深度的增大会发生改变，但是水平位移量却较小。对于其他桩体，1号、2号桩靠近路基边坡，8～12号桩靠近道路中线，其桩体的水平位移方向不会随深度的增大而发生改变，都向同一个方向移动，但其位移量相对较大。不同位置素混凝土桩体水平位移随桩身深度的变化如图4.3-9所示。

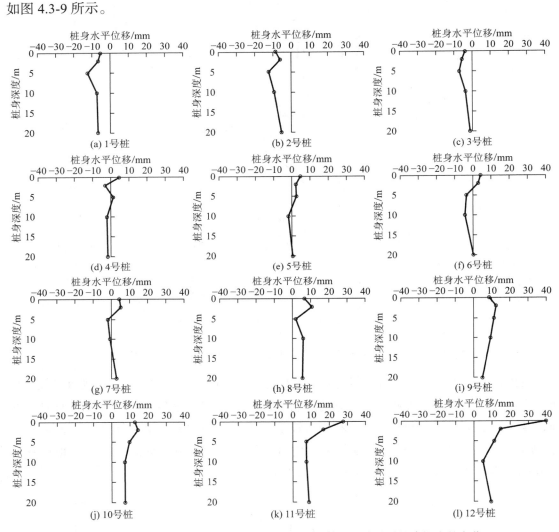

图4.3-9　交通荷载作用下不同位置素混凝土桩体水平位移随桩身深度的变化

　　由图4.3-10可得素混凝土桩体水平位移随道路中线距离的变化特征，发现桩身较大水平位移发生在距道路中线最近处的11号、12号桩，即处于路基中线处的桩，而处于交通荷载作用区域下方的桩身水平位移相对较小并且每根桩之间的最大水平位移差距不大。

　　为了研究交通荷载作用下复合地基桩身竖向应力随桩身深度的变化趋势，根据加载周期性的规律，取荷载峰值时的桩身竖向应力随桩深的影响曲线。图4.3-11为交通荷载作用下不同位置素混凝土桩体竖向应力随桩身深度的变化，图 4.3-12 为素混凝土桩体竖向应力随道路中线距离的变化，在交通荷载作用下中间桩的桩身竖向应力比边桩的桩身竖向应力更大些，这是因为中间桩分担的荷载比边桩更多。2~6 号桩竖向应力变化规律为：从桩顶增大至桩深 10m 处达到最大值，然后到桩底，轴力缓慢减小。这是因为桩侧土体的位移比桩体的位移更大，由此产生了负摩阻力，其方向向下，作用在桩上使得桩身竖向应力增大并在桩身向下 10m 位置处达到最大值；当达到最大值后，桩体的位移大于桩间土的位移，负摩阻力向正摩阻力过渡，此时桩身轴力沿着桩长开始逐渐减小。1 号、7~12 号桩竖向应力变化规律为：从桩顶增大至桩底达到最大值。这是因为，在该位置不同深度下桩侧土体的位移均比桩体的位移要大。

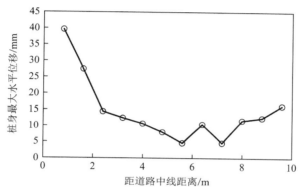

图 4.3-10　素混凝土桩体水平位移随道路中线距离的变化

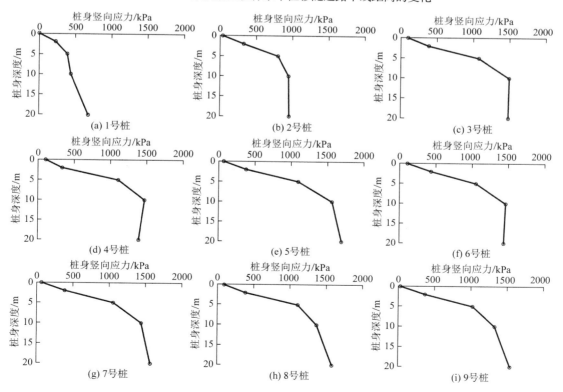

(a) 1号桩　　(b) 2号桩　　(c) 3号桩

(d) 4号桩　　(e) 5号桩　　(f) 6号桩

(g) 7号桩　　(h) 8号桩　　(i) 9号桩

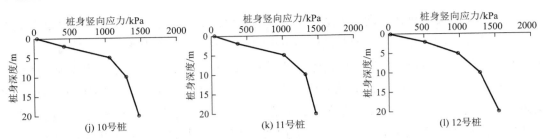

图 4.3-11 交通荷载作用下不同位置素混凝土桩体竖向应力随桩身深度的变化

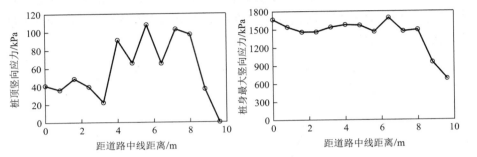

图 4.3-12 素混凝土桩体竖向应力随道路中线距离的变化

复合地基中桩间土体的竖向位移随着土体深度的增大均表现出逐渐减小的变化趋势，桩间土最大竖向变形发生在复合地基顶部，处于交通荷载作用区域下方的土体竖向变形较大，处于道路中线附近以及道路边坡处的桩间土体竖向变形较小。交通荷载作用下不同位置土体竖向位移随土体深度的变化如图 4.3-13 所示。

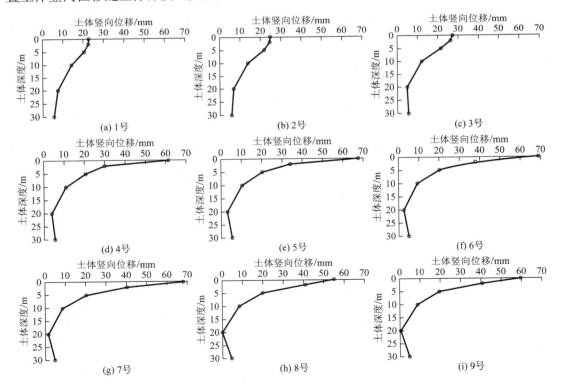

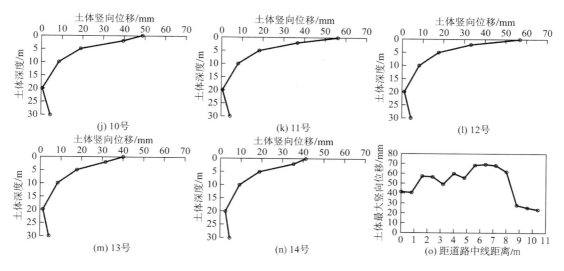

图 4.3-13　交通荷载作用下不同位置土体竖向位移随土体深度的变化

复合地基中桩间土体的竖向应力随着土体深度的增大均表现出逐渐增大的变化趋势，交通荷载作用下不同位置土体竖向应力随土体深度的变化如图 4.3-14 所示，地基顶部竖向位移及竖向应力随距道路中线距离的变化如图 4.3-15 所示。基于上述发现，对处于应力和变形较大的 1 号桩、5 号桩、12 号桩以及桩间土 3 号、7 号、9 号监测点进行参数化研究，为素混凝土复合地基的设计提供参考价值。

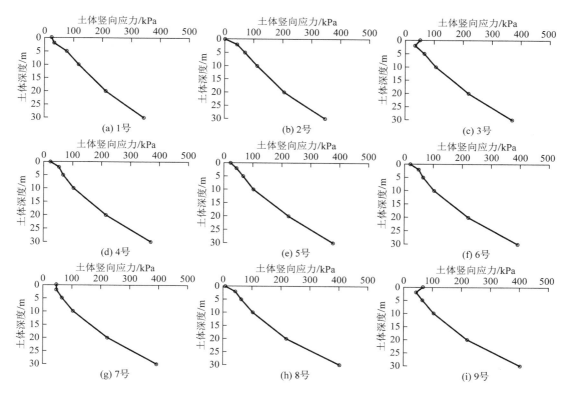

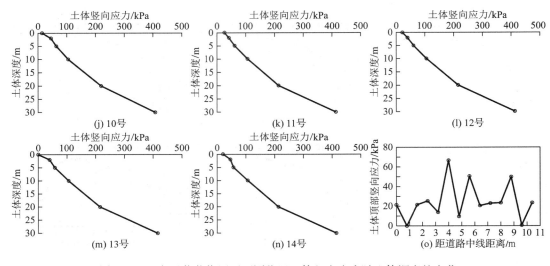

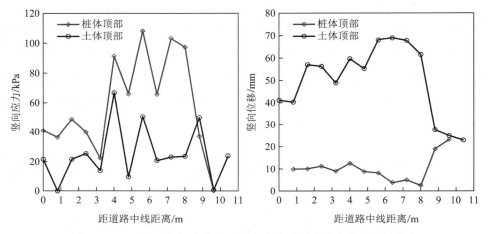

图 4.3-14　交通荷载作用下不同位置土体竖向应力随土体深度的变化

图 4.3-15　地基顶部竖向位移及竖向应力随距道路中线距离的变化

4.3.2　车速变化（荷载频率）对复合地基动力响应分析

图 4.3-16～图 4.3-18 分别是交通荷载下不同荷载频率下的桩体变形随桩身深度变化的曲线。由图可以看出，随着荷载频率的增加，作用在复合地基上的总时间缩短，同时在每个桩体单元上的作用时间也明显缩短，从最后桩体的竖向位移和水平位移来看，车速越小（荷载频率越小），最终的竖向变形量和水平变形量越大。图 4.3-19～图 4.3-21 分别是交通荷载下不同荷载频率下的桩间土竖向位移随土体深度变化的曲线。由图可以看出，随着荷载频率的增大，土体的最终竖向变形量减小。图 4.3-22 和图 4.3-23 为不同交通荷载频率下桩顶和素混凝土桩复合地基顶部竖向应力及竖向位移分布情况，结果表明交通荷载频率对地基顶部桩土竖向应力分布和桩体顶部竖向位移影响较小，但对土体顶部的竖向位移有较大影响；交通荷载频率越大，复合地基顶部的差异沉降现象越明显。

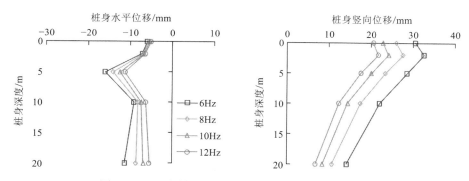

图 4.3-16　不同交通荷载频率下 1 号桩桩体变形特征

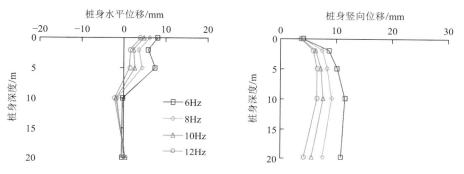

图 4.3-17　不同交通荷载频率下 5 号桩桩体变形特征

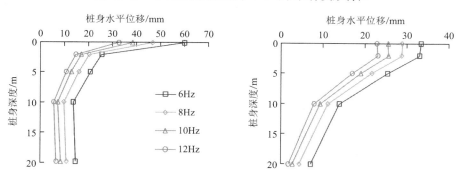

图 4.3-18　不同交通荷载频率下 12 号桩桩体变形特征

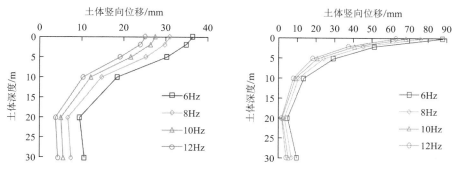

图 4.3-19　不同交通荷载频率下 3 号监测点　　图 4.3-20　不同交通荷载频率下 7 号监测点
　　　　　　土体变形特征　　　　　　　　　　　　　　土体变形特征

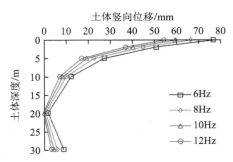

图 4.3-21　不同交通荷载频率下 9 号监测点土体变形特征

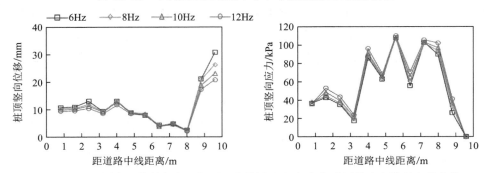

图 4.3-22　不同交通荷载频率下桩顶竖向位移和竖向应力随距道路中线距离的变化

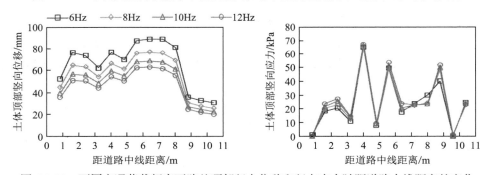

图 4.3-23　不同交通荷载频率下路基顶部竖向位移和竖向应力随距道路中线距离的变化

4.3.3　车型变化（荷载振幅）对复合地基动力响应分析

图 4.3-24～图 4.3-26 分别是不同交通荷载振幅下的桩体变形随桩身深度变化曲线。由图可以看出，随着荷载振幅的增加，作用在复合地基上的总应力增大，同时在每个桩体单元上的应力也明显地增大，从最后桩体的竖向位移和水平位移来看，车辆载重越大（荷载振幅越大），最终的竖向变形量和水平变形量越大。图 4.3-27～图 4.3-29 分别是不同交通荷载振幅下的桩间土竖向位移随土体深度变化的曲线。由图可以看出，随着荷载幅度的增大，土体的最终的竖向变形量越大。图 4.3-30 和图 4.3-31 为不同交通荷载振幅桩顶和素混凝土桩复合地基顶部的竖向位移及竖向应力随距道路中线距离的变化，结果表明交通荷载振幅对地基顶部桩土应力分布、桩体顶部竖向位移以及土体顶部的竖向位移有较大影响；交通荷载振幅越大，复合地基顶部的差异沉降现象越明显。

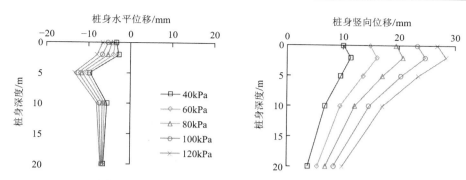

图 4.3-24　不同交通荷载振幅下 1 号桩桩体变形特征

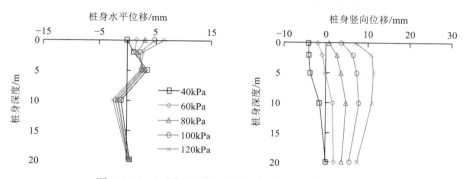

图 4.3-25　不同交通荷载振幅下 5 号桩桩体变形特征

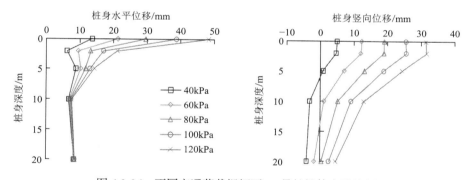

图 4.3-26　不同交通荷载振幅下 12 号桩桩体变形特征

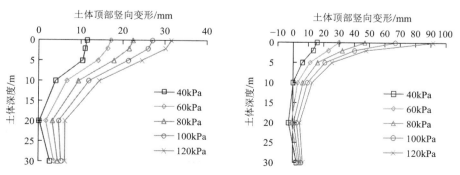

图 4.3-27　不同交通荷载振幅下 3 号监测点　图 4.3-28　不同交通荷载振幅下 7 号监测点
　　　　　　土体变形特征　　　　　　　　　　　　土体变形特征

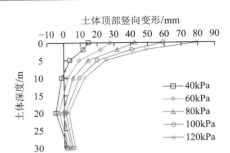

图 4.3-29 不同交通荷载振幅下 9 号监测点土体变形特征

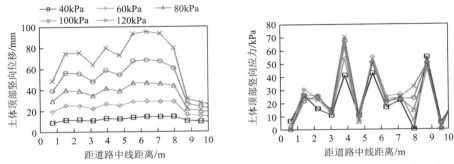

图 4.3-30 不同交通荷载振幅下桩顶竖向位移和竖向应力随距道路中线距离的变化

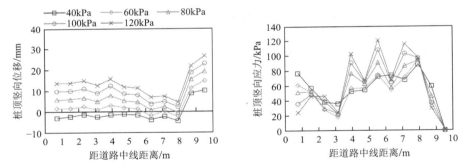

图 4.3-31 不同交通荷载振幅下路基顶部竖向位移和竖向应力随距道路中线距离的变化

4.3.4 桩身模量变化对复合地基动力响应分析

图 4.3-32～图 4.3-34 分别是交通荷载作用下不同桩身模量下桩体变形随桩身深度变化的曲线。由图可以看出,随着桩身模量的增加,复合地基的竖向位移在减小,使复合地基抵抗交通荷载的抗剪强度及抗压强度都增加,从最后桩体的竖向位移和水平位移来看,桩身材料模量越大,最终的竖向变形量和水平变形量越小。图 4.3-35～图 4.3-37 分别是交通荷载下不同桩身模量的桩间土竖向位移随土体深度变化的曲线。由图可以看出,随着桩身模量的增大,土体的最终的竖向位移显著减小。图 4.3-38 和图 4.3-39 为不同桩身模量下桩顶和素混凝土桩复合地基顶部竖向位移和竖向应力随距道路中线距离的变化,结果表明桩身模量对地基顶部桩土应力分布、桩体顶部竖向位移以及土体顶部的竖向位移有较大影响;桩身模量越大,复合地基顶部的沉降越均匀。

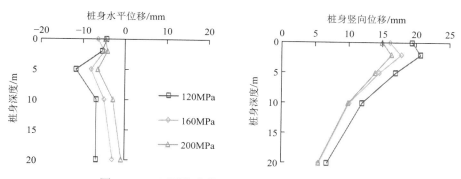

图 4.3-32　不同桩身模量下 1 号桩的桩体变形特征

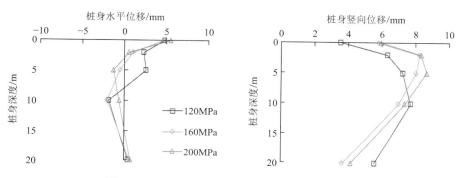

图 4.3-33　不同桩身模量下 5 号桩桩体变形特征

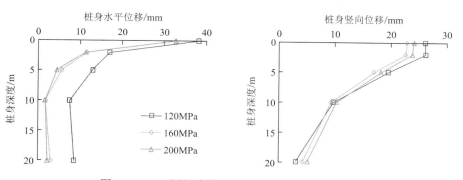

图 4.3-34　不同桩身模量下 12 号桩桩体变形特征

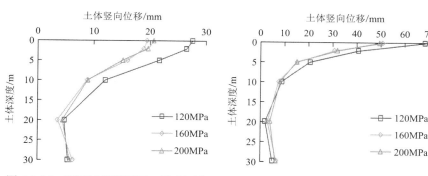

图 4.3-35　不同桩身模量下 3 号监测点　　图 4.3-36　不同桩身模量下 7 号监测点
　　　　　土体变形特征　　　　　　　　　　　　土体变形特征

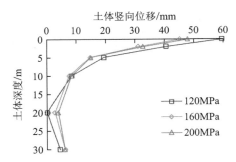

图 4.3-37　不同桩身模量下 9 号监测点土体变形特征

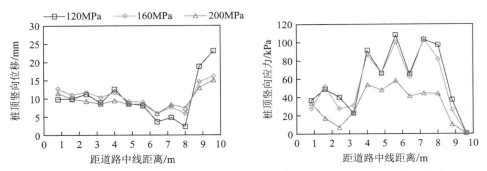

图 4.3-38　不同桩身模量下桩顶竖向位移和竖向应力随距道路中线距离的变化

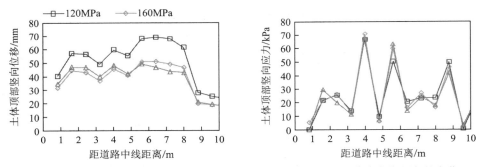

图 4.3-39　不同桩身模量下路基顶部竖向位移和竖向应力随距道路中线距离的变化

4.3.5　桩长变化对复合地基动力响应分析

图 4.3-40～图 4.3-42 分别是交通荷载作用下不同桩长的桩体变形随桩身深度变化的曲线。由图可以看出，素混凝土桩桩长越长，在作用过程中产生的竖向位移越小，原因主要是不同桩长在交通荷载作用之后，桩土的应力分担比出现一定的变化，即桩长越长，素混凝土桩的置换率越大，桩土应力比越大，桩体承担的荷载比例越大，土体承担的越小，而与此同时桩长的增大使桩侧摩阻力也在增大，复合地基承载力得到提高，在同等荷载作用下桩长的增大使桩以及桩间土的变形减小；从最后桩体的竖向位移和水平位移来看，桩长越大，最终的竖向变形量和水平变形量越小。图 4.3-43～图 4.3-45 分别是交通荷载下不同桩长的桩间土竖向位移随土体深度变化的曲线。由图可以看出，随着桩长的增大，土体的最终竖向变形量显著减小。图 4.3-46 和图 4.3-47 为不同桩长下桩顶和素混凝土桩复合地基

顶部的竖向位移和竖向应力随距道路中线距离的变化，结果表明桩身长度对地基顶部桩土应力分布、桩体顶部竖向位移以及土体顶部的竖向位移有较大影响；桩长越大，复合地基顶部的沉降越均匀。

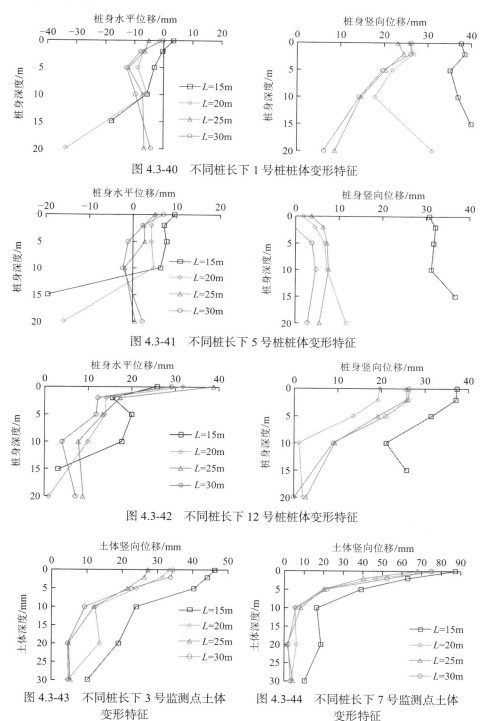

图 4.3-40　不同桩长下 1 号桩桩体变形特征

图 4.3-41　不同桩长下 5 号桩桩体变形特征

图 4.3-42　不同桩长下 12 号桩桩体变形特征

图 4.3-43　不同桩长下 3 号监测点土体
变形特征

图 4.3-44　不同桩长下 7 号监测点土体
变形特征

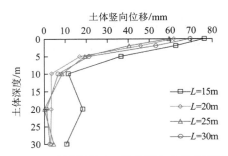

图 4.3-45　不同桩长下 9 号监测点土体变形特征

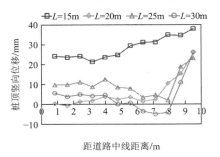
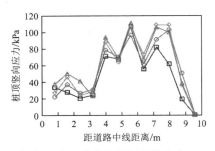

图 4.3-46　不同桩长下桩顶竖向位移和竖向应力随距道路中线距离的变化

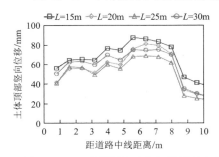
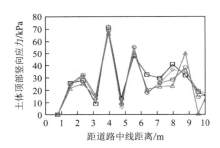

图 4.3-47　不同桩长下路基顶部竖向位移和竖向应力随距道路中线距离的变化

4.3.6　桩径变化对复合地基动力响应分析

桩径的改变对于复合地基中处于不同位置的桩身水平位移和竖向位移影响不同，对于受车辆荷载作用下方桩体影响较小，如 5 号桩；对于路基边缘处和路基中间桩体影响较大，如 1 号桩和 12 号桩，总体表现为桩径越大，桩身水平位移越小，路基中部桩体竖向位移越大，边缘处竖向位移越小。

对于桩间土体，桩径越大，土体竖向沉降越小，在桩径由 0.4m 增大至 0.6m 时，能较大幅度地减小桩间土的沉降，桩间距进一步增大至 0.8m 时，沉降幅度降低不明显（图 4.3-48）。

在桩径由 0.4m 增大至 0.6m 时，能较大幅度地减小桩体变形，桩径进一步增大至 0.8m 时，变形幅度降低不明显（图 4.3-49）。

当桩径小于 0.4m 时，路基顶部土体沉降大于桩顶沉降，对桩产生负摩阻力。当桩径为 0.4~0.6m 时，在道路边缘地基顶部桩体沉降随桩径的增大变化较小，在道路中部桩体沉降还会产生较大变化；桩径越大，桩体顶部沉降越均匀（图 4.3-56、图 4.3-57）。

地基顶部土体竖向变形随桩径的增大而减小，桩径越大，土体顶部沉降越均匀，路面开裂风险越小。

结合不同桩径下复合地基桩体、土体的变形特性，建议将素混凝土桩复合地基的桩径由 0.4m 增大至 0.6m，能较大幅度地减小复合地基的变形（图 4.3-50～图 4.3-57）。

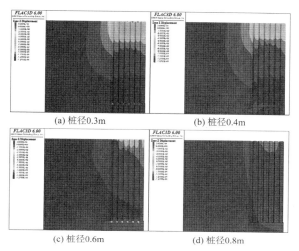

(a) 桩径0.3m   (b) 桩径0.4m

(c) 桩径0.6m   (d) 桩径0.8m

图 4.3-48 桩径对桩间土体竖向沉降影响

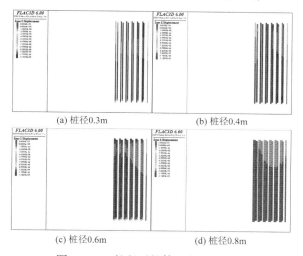

(a) 桩径0.3m   (b) 桩径0.4m

(c) 桩径0.6m   (d) 桩径0.8m

图 4.3-49 桩径对桩体竖向沉降影响

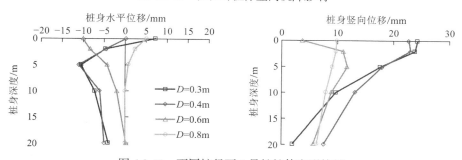

图 4.3-50 不同桩径下 1 号桩桩体变形特征

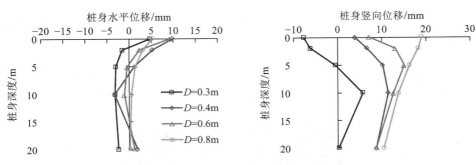

图 4.3-51　不同桩径下 5 号桩桩体变形特征

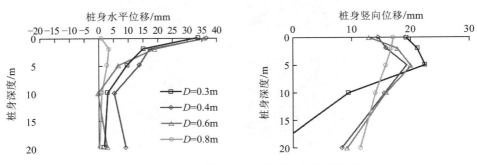

图 4.3-52　不同桩径下 12 号桩桩体变形特征

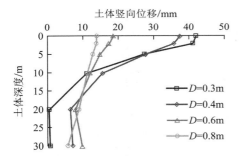

图 4.3-53　不同桩径下 3 号监测点土体
变形特征

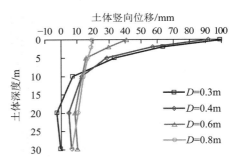

图 4.3-54　不同桩径下 7 号监测点土体
变形特征

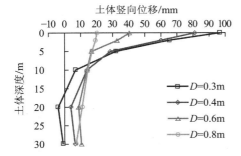

图 4.3-55　不同桩径下 9 号监测点土体
变形特征

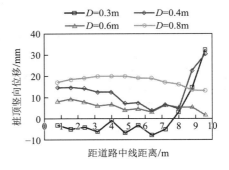

图 4.3-56　不同桩径下桩顶竖向位移随距道路
中线距离的变化

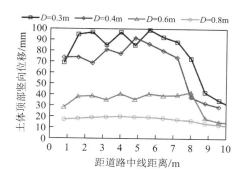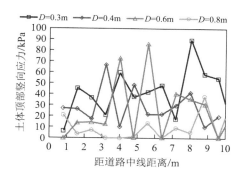

图 4.3-57　不同桩径下路基顶部竖向位移和竖向应力随距道路中线距离的变化

4.3.7　桩间距变化对复合地基动力响应分析

桩间距的改变，对于复合地基中处于不同位置的桩身水平位移影响不同，对于路基边缘处的桩影响较小，如 1 号桩；对于受车辆荷载作用下方桩体和路基中间桩体影响较大，如 5 号桩和 12 号桩（图 4.3-60～图 4.3-62）。

桩间距的改变，对于复合地基中处于不同位置的桩身竖向位移影响较大，桩间距的增大会导致桩身竖向位移显著增大（图 4.3-60～图 4.3-62）。

对于桩间土体，当桩间距小于 1.8m 时，桩间距越小，土体竖向沉降越小；在桩间距由 1.6m 减小至 1.4m 时，能较大幅度地减小桩间土的沉降，桩间距进一步减小至 1.2m 时，沉降幅度降低不明显（图 4.3-58）。

在桩间距由 1.6m 减小至 1.4m 时，能较大幅度地减小桩体的竖向变形；桩间距进一步减小至 1.2m 时，变形幅度降低不明显（图 4.3-59）。

当桩间距大于 1.8m 时，地基顶部土体沉降大于桩体沉降，对桩产生负摩阻力。当桩间距大于 1.6m 时，道路中部地基顶部桩体沉降随桩间距的减小变化较小，仅在道路边缘处桩体沉降还会产生较大变化，桩间距越大，桩体顶部沉降越均匀（图 4.3-66、图 4.3-67）。

地基顶部土体竖向变形随桩间距的减小而增大，桩间距越大，土体顶部沉降越均匀，路面开裂风险越小。

结合不同桩间距下复合地基桩体、土体的变形特性，建议将素混凝土桩复合地基的间距由 1.6m 缩小至 1.4m，能较大幅度地减小复合地基的变形（图 4.3-60～图 4.3-65）。

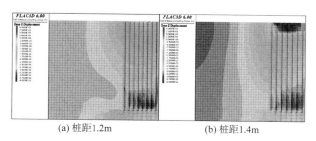

(a) 桩距1.2m　　　　　　(b) 桩距1.4m

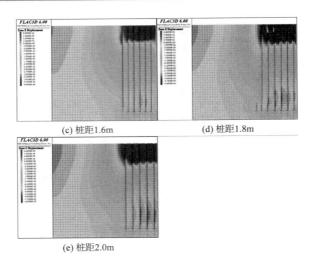

(c) 桩距1.6m　　　　　　　　(d) 桩距1.8m

(e) 桩距2.0m

图 4.3-58　桩间距对桩间土体竖向沉降影响

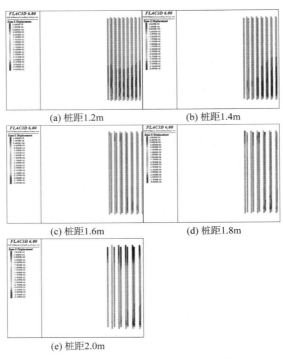

(a) 桩距1.2m　　　　　　　　(b) 桩距1.4m

(c) 桩距1.6m　　　　　　　　(d) 桩距1.8m

(e) 桩距2.0m

图 4.3-59　桩间距对桩体竖向沉降影响

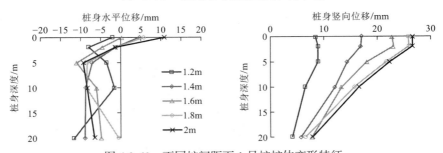

图 4.3-60　不同桩间距下 1 号桩桩体变形特征

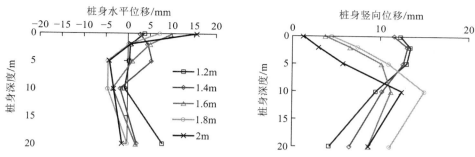

图 4.3-61　不同桩间距下 5 号桩桩体变形特征

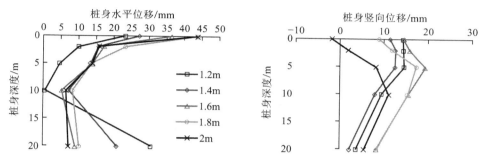

图 4.3-62　不同桩间距下 12 号桩桩体变形特征

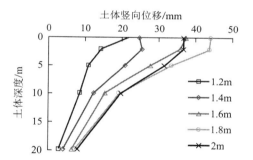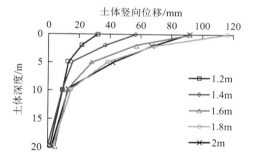

图 4.3-63　不同桩间距下 3 号监测点土体　　　图 4.3-64　不同桩间距下 7 号监测点土体
　　　　　变形特征　　　　　　　　　　　　　　　　变形特征

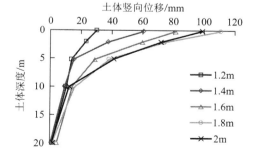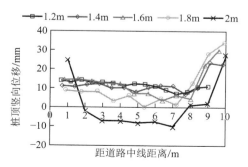

图 4.3-65　不同桩间距下 9 号监测点土体　　　图 4.3-66　不同桩间距下桩顶竖向位移随距道路
　　　　　变形特征　　　　　　　　　　　　　　　中线距离的变化

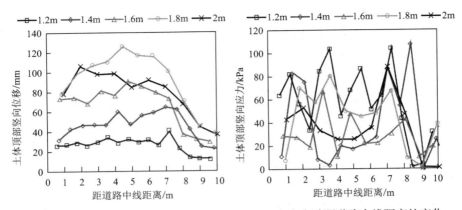

图 4.3-67　不同桩间距下路基顶部竖向位移和竖向应力随距道路中线距离的变化

4.3.8　布桩方式对复合地基动力响应分析

图 4.3-68～图 4.3-70 分别是交通荷载作用下不同布桩方式下的桩体变形随桩身深度变化的曲线。由图可以看出，采用矩阵式布桩，桩体的水平位移、竖向位移均小于梅花式布桩。图 4.3-71～图 4.3-73 分别是交通荷载下不同布桩方式的桩间土竖向位移随土体深度变化的曲线。由图可以看出，矩阵式布桩能有效减小桩间土的竖向位移。图 4.3-74 和图 4.3-75 为不同布桩方式下桩顶和素混凝土桩复合地基顶部竖向位移和竖向应力随距道路中线距离的变化，结果表明采用矩阵式布桩，能有效降低复合地基顶部的差异沉降。

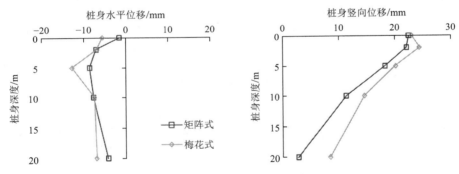

图 4.3-68　不同布桩方式下 1 号桩桩体变形特征

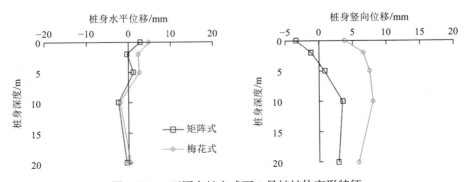

图 4.3-69　不同布桩方式下 5 号桩桩体变形特征

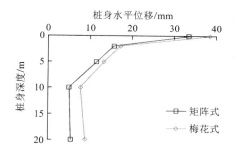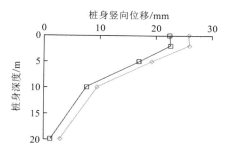

图 4.3-70 不同布桩方式下 12 号桩桩体变形特征

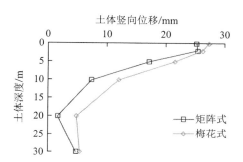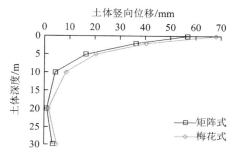

图 4.3-71 不同布桩方式下 3 号监测点土体　图 4.3-72 不同布桩方式下 7 号监测点土体
变形特征　　　　　　　　　　　变形特征

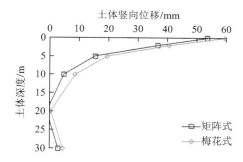

图 4.3-73 不同布桩方式下 9 号监测点土体变形特征

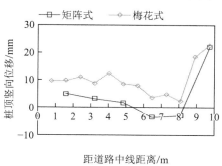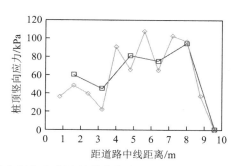

图 4.3-74 不同布桩方式下桩顶竖向位移和竖向应力随距道路中线距离的变化

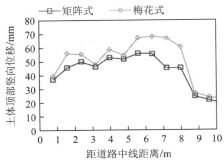
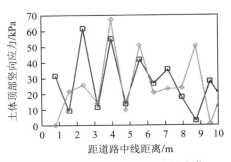

图 4.3-75　不同布桩方式下路基顶部竖向位移和竖向应力随距道路中线距离的变化

4.4　结论及对策

　　数值模型研究结果表明，桩身模量、桩身长度对地基顶部桩土应力分布、桩体顶部竖向位移以及土体顶部的竖向沉降有较大影响，总体表现为桩长越大、桩身模量越大，复合地基顶部的沉降越均匀，桩体的水平位移也越小。当素混凝土桩体模量由 120MPa 增大至 160MPa 时，能较大幅度减小素混凝土桩体的变形；当素混凝土桩桩身长度超过 25m 时，桩长的增大对复合地基整体变形的影响较小，故采用 25m 桩长是比较合适的。

　　矩阵式布桩能有效减小桩间土的竖向沉降，结果表明采用矩阵式布桩，能有效降低复合地基顶部的差异沉降。

　　结合不同桩间距下复合地基桩体、土体的变形特性，建议将素混凝土桩复合地基的间距由 1.6m 缩小至 1.4m，能较大幅度地减小复合地基的变形。

　　结合不同桩径下复合地基桩体、土体的变形特性，建议将素混凝土桩复合地基的桩径由 0.4m 增大至 0.6m，能较大幅度地减小复合地基的变形。

第 5 章

潮水位变化对素混凝土桩复合地基影响与对策

本项目位于珠海航空产业园滨海商务区市政配套工程二期白龙路段临海（图 5-1），长期受周期性波浪和潮汐作用。在软土地基施工前，为方便施工，在两侧填筑围堰并修建反压护道，阻隔波浪作用，但潮汐作用导致的地下水位变化及渗流进入软土地基内，可能会对地基的变形及力学特性产生重要影响。在深厚淤泥土区域，素混凝土桩为悬浮桩，即桩底未嵌入下部基岩持力层。此外，在潮汐及强风暴潮作用下，滨海软土地基地下水位易发生突变，诱发地基整体沉降及素混凝土桩体破坏。潮涨潮落对陆地的影响可被视为地基内孔隙水的循环加卸载行为。然而，目前针对潮汐作用和风暴潮作用下产生的地下水位突变及其对素混凝土桩复合地基的影响鲜有研究，潮水位变化与素混凝土桩复合地基相互作用机理尚不清晰。

本章基于数值计算方法，考虑渗流-应力耦合，分析潮水位变化下素混凝土桩复合地基影响机理并提出相应对策。

图 5-1　白龙路堤岸

5.1　潮水位影响监测及分析

通过查阅前期水文观测资料以及围堤造陆工程施工说明书，了解到该工程位于珠海市金湾区三灶镇。该区的水文地质条件如下：据潮汐调和常数分析，三灶站 $F = (H_{k1} + H_{o1})/H_{m2} = 1.50$ 属不规则半日混合潮型，在一个月内有一半以上的日期一天有两次高潮和两次低潮且相邻高潮不等现象较显著。同时观测资料统计，潮位特征值如下：历年最高潮位 3.294m，历年最低潮位 −1.506m，平均高潮位 0.994m，平均低潮位 −0.246m，最大潮差 3.18m，平均潮差 1.24m；根据《珠江流域综合规划修编珠江三角洲主要测站设计潮位复核报告》（2011 年），在考虑了 2008 年"黑格比"的影响下，设计水位分析结果如下：设计高水位 1.824m（高潮累积率 10%），设计低水位 −0.796m（低潮累积率 90%），极端高水位 3.454m

（重现期为 50 年一遇），极端低水位−1.326m（重现期为 50 年一遇）。围堤造陆工程中围堤采用斜坡堤结构，坡顶设置挡浪墙。挡浪墙为 C30 现浇混凝土结构，其设计顶高程为 5.80m。

5.1.1　潮位影响监测方案

为确定潮汐作用对素混凝土桩复合地基内部水位的影响程度及影响规律，开展了复合地基潮水位影响监测，监测区域为白龙路 BL5 断面，平面位置如图 5.1-1 所示，位于星云一路与白龙路的丁字路口。监测项目为复合地基内部地下水位变化，监测孔距东侧围堤挡浪墙垂直距离为 15m。

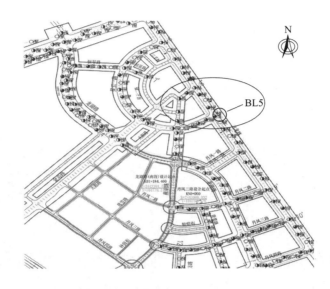

图 5.1-1　监测断面平面位置图

5.1.2　潮位影响监测结果分析

2021 年 4 月 19 日连续 7h 监测，全日潮水位变化曲线图如图 5.1-2 所示，钻孔内水位变化曲线图如图 5.1-3 所示。

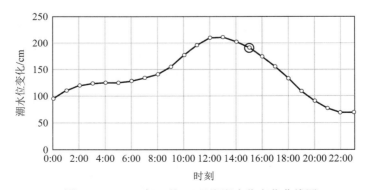

图 5.1-2　2021 年 4 月 19 日海潮水位变化曲线图

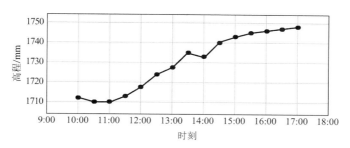

图 5.1-3　2021 年 4 月 19 日孔内实测水位变化曲线图

海潮全天最高水位为 13 点的 212cm，钻孔内最高水位为 17 点的 1748mm。对比海潮水位和孔内水位可知，钻孔内水位基本与外侧海水变化波形明显延迟，孔内水位变化幅度很小，仅为 40mm 左右，而海潮变化幅度能达到 1.5m 左右。

2021 年 4 月 26 日～2021 年 4 月 27 日 24h 连续监测，26 日、27 日潮水位变化曲线图如图 5.1-4、图 5.1-5 所示，钻孔内水位变化曲线图如图 5.1-6 所示。

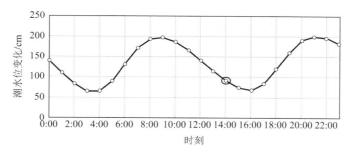

图 5.1-4　2021 年 4 月 26 日海潮水位变化曲线图

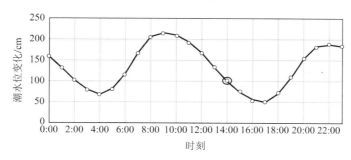

图 5.1-5　2021 年 4 月 27 日海潮水位变化曲线图

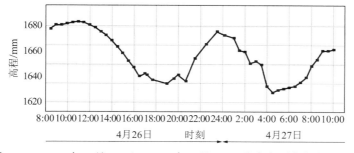

图 5.1-6　2021 年 4 月 26 日～2021 年 4 月 27 日孔内实测水位变化曲线图

对比可知，孔内水位和外部潮水位波形有一定相似性，呈现类简谐性形态，中间有相位差延迟，潮水位峰值在 200cm 左右，幅度约为 170cm，周期为 12h；孔内水位峰值在 1683.5mm 左右，幅度约为 50mm，周期为 12h，中间有相位差延迟。

5.2 计算模型

为研究潮水位变化对素混凝土桩复合地基工作性能的影响，利用有限元软件 PLAXIS2D 对研究区域内白龙路 BL5 断面开展研究，断面的平面位置如图 5.1-1 黑圈所示，其位于星云一路与白龙路交界处的丁字路口。

具体模型及网格划分如图 5.2-1 所示：该区域土层共 3 层，自上而下分别为素填土（3.8～−0.6m）、淤泥（−0.6～−17m）和淤泥质土（−17～−54m）。模型在 x 方向总长度取 240m，最左侧桩离模型左边界为 90m，约为群桩宽度的 3 倍，可忽略边界效应对模拟结果的影响。y 方向以淤泥质土底部作为模型的底部边界。模型位移边界：底部为固定约束，左右为水平约束，顶部为自由边界；模型区域除底部边界不允许渗流外，其他三个边界都为可透水边界。模型共划分 11909 个三角形单元网格，共计 102849 个节点，并对复合地基和围堤部分网格进行了加密处理。

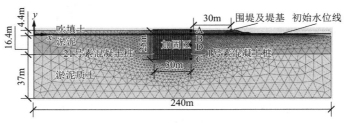

图 5.2-1 有限元模型及网格划分

本工程为正三角形布桩，桩间距 1.6m，素混凝土桩复合地基法软基处理标准横断面俯视图如图 5.2-2 所示。

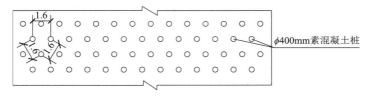

图 5.2-2 地基标准横断面俯视图

本模型将三维群桩转化为二维平面应变模型。在平面内共布设 21 根桩，总宽度为 30m，桩径为 0.4m，桩长为 25m，桩顶与素填土层的层顶标高一致，桩底位于淤泥质土层的中部，桩体未贯穿软土层，呈悬浮状态，与实际工况相符。根据模量简化法，对间距 $S = 1.6$m 呈正三角形布置的群桩按置换率相等的原则，将正三角形分布转换为正方形分布（图 5.2-2），计算公式如下：

$$m = \frac{\pi d^2}{4l^2} = \frac{\pi d^2}{2\sqrt{3}S^2} \tag{5.2-1}$$

式中：m——表示面积置换率；

　　　d——素混凝土桩的直径；

　　　S——实际桩间距；

　　　l——桩按正方形布设时的间距。求得转化为正方形布置后，间距为 $l = 1.5\text{m}$。

模型中的素混凝土桩群用 PLAXIS 内置的 embedded beam row 桩单元进行模拟。需要注意的是，当为 embedded beam row 指定重度时，其本身不占任何体积而是覆盖在土体单元上。这样，可以从 embedded beam row 材料重度中减去土体重度，以考虑这种覆盖的影响。在软件的输入窗口中，可以指定桩的几何属性如桩型为大体积圆桩、桩身直径为 0.4m、桩在平面外方向的间距为 1.5m；同时还能指定桩土相互作用属性，如桩侧摩阻力可以选择与土层相关，以考虑桩在不同土层中所承受侧摩阻力的差异，桩端承载力可输入试验所得极限承载力的一半。

围堤部分结构较为复杂，材料较多，主要研究对象为素混凝土桩群，对围堤的结构进行局部简化，如图 5.2-3 所示。材料模型均选择线弹性，弹性模量和渗透系数按经验取值，如表 5.2-1 所示。模型填土层采用摩尔-库仑模型，淤泥和淤泥质土软土层采用小应变土体硬化模型（HSS）。HSS 模型考虑了土体的小应变刚度，可较准确地反映小应变条件下（$10^{-6} \sim 10^{-4}$），施工区域土体的变形及力学行为。为准确获得该模型所需的 HSS 参数，前期在室内进行了共振柱、三轴固结排水剪切、三轴固结排水加卸载剪切等试验研究，得到了一套符合珠海软土的 HSS 模型参数。土层参数汇总于表 5.2-2。

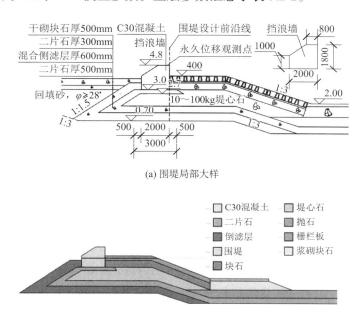

(a) 围堤局部大样

(b) 围堤及其基础部分放大图

图 5.2-3　围堤及基础局部大样设计图及模型示意图

围堤材料参数 表 5.2-1

结构类型	材料模型	弹性模量/MPa	泊松比	渗透系数/（m/d）
围堤	线弹性	30×10^3	0.25	0.026×10^{-3}
堤心石	线弹性	28×10^3	0.15	100
干砌块石	线弹性	26×10^3	0.2	100
二片石	线弹性	20×10^3	0.2	100
倒滤层	线弹性	15×10^3	0.25	50
栅栏板	线弹性	15×10^3	0.25	100
浆砌块石	线弹性	23×10^3	0.18	2.6×10^{-3}
C30 混凝土	线弹性	30×10^3	0.2	0.026×10^{-3}

土层材料参数 表 5.2-2

土体类型	材料模型	γ_{unsat} kN/m³	γ_{sat} kN/m³	E_{50}^{ref} MPa	E_{eod}^{ref} MPa	E_{ur}^{ref} MPa	m	c' kPa	φ' °	k m/d	G_0^{ref} MPa	$\gamma_{0.7}$
吹填土	M-C	18	20	50				2	32	0.3		
淤泥	HSS	15	15.4	3	3	10	0.75	11	9	0.8×10^{-3}	16	2×10^{-4}
淤泥质土	HSS	16.5	16.8	3.5	3.5	14	0.7	16.4	10	3.3×10^{-3}	20	1.5×10^{-4}

注：表中参数从左向右依次为非饱和重度、饱和重度、标准三轴排水试验割线刚度、侧限压缩试验切线刚度、卸载再加载刚度、刚度的应力相关幂指数、有效黏聚力、有效摩擦角、渗透系数和剪切模量衰减到初始剪切模量 70%时所对应的剪应变。

根据施工区多年潮汐水位监测数据，选取平均海平面高 0.5m（黄海高程坐标系）作为模型整体的初始水位，根据观测站的数据，潮汐性质为不规则半日混合潮型，平均一天内有两次涨潮和落潮，设计高水位约为 1.8m，设计低水位约为－0.8m，故将正常潮汐作用简化为在平均海平面上周期为 0.5d，振幅为 1.3m 的简谐波动。对于极端天气下出现水位骤升和骤降的情况，观测资料统计，50 年重现期的极端高水位和极端低水位分别约为 3.5m 和－1.4m。考虑初始水位 0.5m，为了达到 3.5m 和－1.4m，将水位骤升和骤降分别简化为历时 1d/4 水位线性上升至 3.5m，之后 3d/4 保持 3.5m 水位不变和历时 1d/4 水位线性下降至－1.4m，之后 3d/4 保持－1.4m 水位不变。上述 3 种工况水位变化高度随时间变化曲线如图 5.2-4 所示。

整个模拟过程分为 5 步进行：

（1）平衡地应力，计算类型选择重力加载，孔压计算类型选择潜水位。

（2）激活素混凝土桩，计算类型选择塑性计算，孔压计算类型选择潜水位。

（3）激活路基和路面，计算类型选择塑性计算，孔压计算类型选择潜水位。

（4）消除因成桩而生成的超孔压，计算类型选择固结计算，孔压计算类型选择使用上一阶段压力。增加此步的目的是消除在后续模拟过程中由于桩和土的自身沉降而对结果产生的影响；并在计算完成后将位移清零，即后续产生的超孔压、位移和变形都是由外部条件改变而产生的净超孔压、净位移和净变形。

（5）施加潮水位变化（潮汐作用、水位骤升后保持、水位骤降后保持），计算类型选择流固耦合。以此来分析土中的变形和孔压的同步发展情况。具体实施方法取模型左侧陆域远端竖向边界为与平均海平面（0.5m）一致的固定水头，模型右侧为初始水位 0.5m，与时间相关的三组变水头地下水渗流边界。

综上所述 3 种工况的前四步都完全一致，仅第五步选择了不同的水力边界条件，以模拟所研究的 3 种不同的工况。

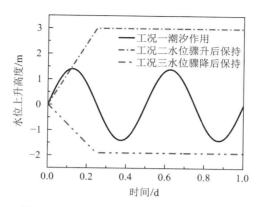

图 5.2-4　3 种工况水位高度变化时程曲线

5.3　计算结果与分析

5.3.1　模型验证

实际工程中，对实际路基靠海一侧某点的地下水位进行了连续监测（1d），拟通过对实际监测点的相对地下水位变化值与数值模拟模型中对应位置的模拟值进行对比来验证模型的可靠性。图 5.3-1 为监测点的相对地下水位变化随潮汐作用的实测值和模拟值，从图中可以看出，虽然监测点地下水位的实测值和模拟值在数值上存在一定的偏差，但整体趋势的吻合度较高，数值偏差的幅度也在可接受范围内，故认为模拟结果是有说服力的。

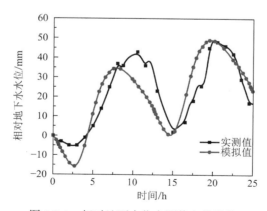

图 5.3-1　相对地下水位实测值和模拟值

5.3.2　水平及竖向变形规律

复合地基桩体有水平断裂及竖向不均匀沉降的风险，图 5.3-2 显示了 3 种工况下，模型在水平方向和竖直方向上的位移云图。由图可见，靠海的围堤区域由于受水位升降的直接影响，导致围堤下方的土体发生较大的水平变形，同时土体的变形还受陆地与海域两侧水位差引起的地下水渗流的影响，渗流主要发生在围堤下部基础和吹填土中，导致围堤基础左侧与吹填土交界处产生了较大竖直变形。这两种围堤区域内土体的变形会对复合地基造成一定的影响，同时复合地基的变形也受地下水渗流的影响，由于复合地基最上层土为吹填土，渗透系数相较于其下的淤泥和淤泥质土要大得多，因此受渗流的影响也比另外两层土大，在水平方向和竖直方向的变形也比复合地基的其他部分大。从 3 种工况下复合地基变形的数值上进行分析可知，变形最大值位于复合地基最右侧的 1 号桩（图 5.3-3），且相比于在竖直方向上的变形，水平方向上的变形明显更大，故复合地基变形最不利情况为 1 号桩在水平方向上的位移。

图 5.3-3 显示了 3 种工况下 1d 后复合地基最右侧的 1 号桩和最左侧的 21 号桩（图 5.2-1）之间的相对水平位移和相对竖向位移，相对位移定义为同一时刻 1 号桩与 21 号桩位移的差值。由图 5.3-3 可知，工况一（潮汐作用）和工况三（水位骤降后保持）产生正的相对水平位移和负的相对竖向位移，表明 1 号桩相对于 21 号桩向x轴正方向和y轴负方向移动，沿桩身的最大相对水平位移仅为 0.75mm，最大相对竖向位移更小，仅为-0.2mm，因此可以认为，在这两种工况下复合地基顶部的其他结构没有发生侧向倾斜、竖向挤压和拉裂的风险；工况二（水位骤升后保持）产生负的相对水平位移和正的相对竖向位移，表明 1 号桩相对于 21 号桩向x轴负方向和y轴正方向移动，沿桩身的最大相对水平位移为-2.0mm，最大相对竖向位移仅为-0.17mm。相比于前两种工况，在 1d 内，工况二的海水位变化幅度最大，地下水渗流最明显，导致桩体相对水平位移和竖直位移偏大，但仍在可控范围内，因此可以认为在工况二下复合地基顶部的其他结构也几乎不会产生侧向倾斜、竖向挤压和拉裂等破坏。针对上述最不利情况，进一步讨论 1 号桩在水平方向和竖直方向的位移演化。

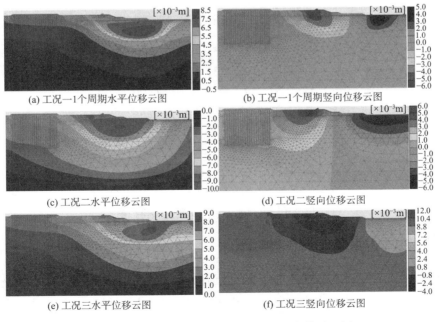

图 5.3-2　3 种工况下模型水平位移和竖向位移云图

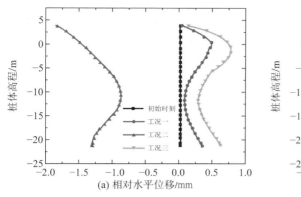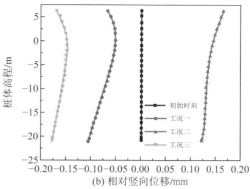

图 5.3-3　1 号桩相对 21 号桩的水平位移和竖向位移

工况一作用下（潮汐作用），1 个周期内（12h），1 号桩在水平方向的变形如图 5.3-4 所示，$0 \sim T/4$ 对应于海水由平均海平面涨潮至设计高水位，1 号桩由初始位置向 x 轴负方向变形至最大；$T/4 \sim T/2$ 对应于海水由设计高水位落潮至平均海平面，1 号桩由 x 轴负方向变形最大处向初始位置变形；$T/2 \sim 3T/4$ 对应于海水由平均海平面落潮至设计低水位，1 号桩由接近初始位置处向 x 轴正方向变形至最大；$3T/4 \sim 1T$ 对应于海水由设计低潮位涨潮至平均海平面，1 号桩由 x 轴正方向变形最大值处向初始位置变形。一个周期结束后，桩体并没有完全回到初始位置，存在一定的滞后。随着深度的增加，水平方向上的变形沿桩深变化呈现出先增大再逐渐减小的趋势，极值出现在平均海平面附近。

工况二和工况三作用下（水位骤变并保持），从图 5.3-5 中可以看出 1 号桩的变形主要发生在水位产生骤升和骤降的前 $1d/4$，后续水位稳定的 $3d/4$ 内，桩体虽然仍在变形，但是变形幅度明显减小。水平方向上的变形沿桩身的变化与潮汐作用趋势相似，数值上大于潮汐作用且水位骤升引起的桩体水平位移大于水位骤降引起的桩体水平位移，即工况二是 3 种工况下的最不利工况，须特别注意。

同理，工况一作用下（潮汐作用），1 个周期内（12h），1 号桩在竖直方向的变形如图 5.3-6 所示。$0 \sim T/4$，1 号桩由初始位置"上浮"至 y 轴正方向变形至最大；$T/4 \sim T/2$，1 号桩由 y 轴变形最大处向初始位置变形；$T/2 \sim 3T/4$，1 号桩由接近初始位置处向 y 轴负方向变形至最大；$3T/4 \sim 1T$，1 号桩由 y 轴正方向变形最大值处向初始位置变形。一个周期结束后，桩体并没有完全回到初始位置，也存在一定的滞后。随着深度的增加，竖直方向上的变形沿桩深逐渐减小。

工况二和工况三作用下（水位骤变并保持），从图 5.3-7 中可以看出 1 号桩的变形主要发生在水位产生骤升和骤降的前 $1d/4$，后续水位稳定的 $3d/4$ 内，桩体虽然仍在变形，但是变形的幅度明显减小。竖直方向上的变形沿桩身的变化与潮汐作用趋势相似，数值上大于潮汐作用且水位骤升引起的桩体竖直位移大于水位骤降引起的桩体竖直位移，即工况二是

3 种工况下的最不利工况，须特别注意。

选取 1 号桩的桩顶 A 点、与平均海平面（0.5m）的交点 B 点、桩底 C 点（如图 5.3-4），观察水平方向和竖直方向上的位移随时间的变化，其中潮汐作用时间选择 3d 共 6 个周期。3 个特征点在水平方向的位移随时间变化结果如图 5.3-8 所示；在竖直方向的位移随时间变化结果如图 5.3-9 所示。

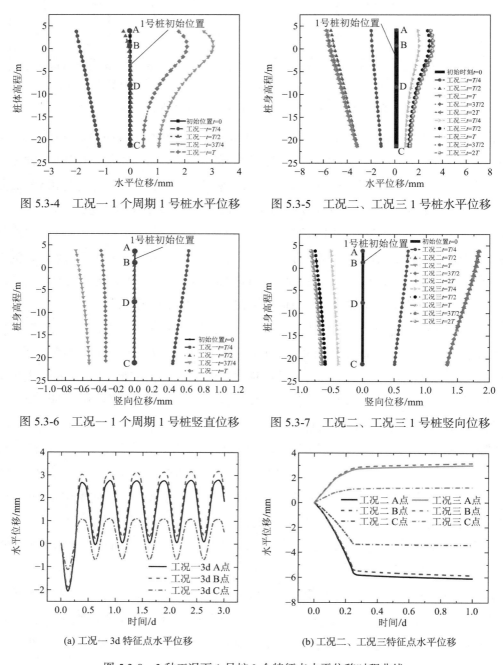

图 5.3-4　工况一 1 个周期 1 号桩水平位移　　图 5.3-5　工况二、工况三 1 号桩水平位移

图 5.3-6　工况一 1 个周期 1 号桩竖直位移　　图 5.3-7　工况二、工况三 1 号桩竖向位移

(a) 工况一 3d 特征点水平位移　　　(b) 工况二、工况三特征点水平位移

图 5.3-8　3 种工况下 1 号桩 3 个特征点水平位移时程曲线

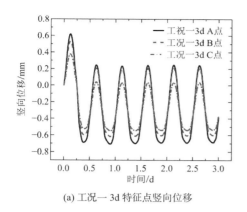 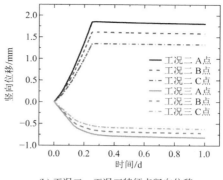

(a) 工况一 3d 特征点竖向位移　　　　　(b) 工况二、工况三特征点竖向位移

图 5.3-9　3 种工况下 1 号桩 3 个特征点竖向位移时程曲线

由图 5.3-8（a）可知，工况一作用下，3 个特征点的水平位移随时间的变化满足简谐振动，与模拟潮汐作用的简谐波的周期相近，振幅不同。3 个特征点中，B 点的振幅最大，在第一个周期内达到了 2.5mm，在此后的 5 个周期内基本保持振幅 1.3mm 不变，C 点的振幅最小，在第一个周期内达到了 0.5mm，此后的 5 个周期基本保持振幅为 0.8mm 不变。

图 5.3-8（b）显示了工况二和工况三作用下 3 个特征点水平位移随时间的变化规律，位移主要发生在前 1d/4，后 3d/4 海平面水位保持不变，在稳态地下水渗流作用下继续产生微小的位移。工况二的危险点是工况二作用下的 1 号桩桩顶，最大位移可达到 −6.0mm。A 点水平位移最大，达到了 −6.0mm，工况三作用下，B 点水平位移略大于桩顶 A 点，为 3.0mm。桩底 C 点水平位移在两种工况作用下均为最小。

由图 5.3-9（a）可知，工况一作用下，3 个特征点的竖向位移随时间的变化也满足简谐振动，与模拟潮汐作用的简谐波的周期相近，振幅不同。3 个特征点中，A 点的振幅最大，在第一个周期内达到了 0.8mm，在此后的 5 个周期内基本保持振幅 0.4mm 不变，C 点的振幅最小，在第 1 个周期内达到了 1mm，此后的 5 个周期基本保持振幅为 0.3mm 不变。

图 5.3-9（b）显示了工况二和工况三作用下 3 个特征点竖向位移随时间的变化规律，位移也主要发生在前 1d/4，后 3d/4 海平面水位保持不变，在稳态地下水渗流作用下继续产生微小的位移。工况二和工况三作用下，A 点竖向位移最大，分别达到了 1.8mm 和 −0.8mm，桩底 C 点竖向位移在两种工况下均为最小。综上所述，桩体中最危险的点是工况二下的 1 号桩桩顶，最大水平位移可达到 −6.0mm，最大竖向位移可达 1.8mm，是工程建设中应该时刻关注并不间断进行监测的点。

5.3.3　孔隙水压力

图 5.3-10 显示了 3 种工况下，模型内部孔隙水压力的分布，3 种工况下孔隙水压力的变化主要发生在围堤下部土体中，其中工况二作用下孔隙水压力变化最明显。潮汐作用一个周期结

束后，孔压并没有恢复到初始位置，这是因为土体发生了变形，产生了超净孔隙水压力。对比图 5.3-10 发现，孔隙水压力变化较明显的位置与土体变形较大的位置相对应，这是因为孔隙水压力增大会导致土体的有效应力减小，进而导致土体的抗剪强度减小。复合地基孔隙水压力的变化和潮水位的升降密切相关，对 1 号桩桩体中部特征点 D（图 5.3-11）进行研究。

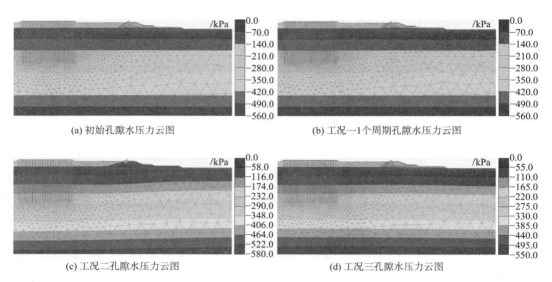

(a) 初始孔隙水压力云图   (b) 工况一1个周期孔隙水压力云图

(c) 工况二孔隙水压力云图   (d) 工况三孔隙水压力云图

图 5.3-10　初始及 3 种工况下孔隙水压力云图

图 5.3-11 显示了 3 种工况下特征点 D 的孔隙水压力随时间的变化情况，工况一（潮汐作用）中 D 点的孔隙水压力呈简谐振动变化，涨潮时 D 点的孔隙水压力增大，退潮时，D 点的孔隙水压力减小，孔隙水压力的变化与潮汐作用的变化周期和规律趋于一致，但存在一定的滞后现象。工况二中，水位骤升的过程实际上就等同于潮水上涨的过程，因此孔隙水压力也是一个增大的过程，后续阶段水位保持极端高水位不变，孔隙水压力在这段时间内的变化也较小。同理，工况三中，水位骤降的过程实际上就等同于潮水下落的过程，因此孔隙水压力减小，后续阶段水位保持极端低水位不变，孔隙水压力在这段时间内几乎不再改变。

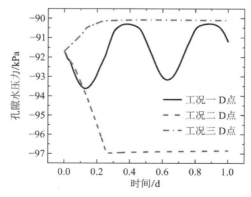

图 5.3-11　3 种工况点 D 孔隙水压力波动

5.3.4　平均有效应力

以 1 号桩的桩体中部右侧 D 点（图 5.3-12）为研究对象，研究不同工况下 D 点的平均有效应力随时间的变化。如图 5.3-12 所示，工况一（潮汐作用）中 D 点平均有效应力大致呈简谐波的形式，涨潮时 D 点的平均有效应力减小，退潮时，D 点的平均有效应力增大，平均有效应力的变化与潮汐作用的变化周期和规律趋于一致，也存在一定的滞后效应。工况二中，水位骤升过程平均有效应力减小，后续阶段水位保持极端高水位不变，平均有效应力在这段时间内的变化也较小；工况三中，水位骤降过程平均有效应力增大，后续阶段水位保持极端低水位不变，平均有效应力在这段时间内几乎不再改变。对比图 5.3-11 和图 5.3-12 可知，平均有效应力的变化趋势和孔隙水压力的变化趋势相对应，两者呈现出此消彼长的趋势。又因为平均有效应力的大小正相关于抗剪强度，可知 3 种工况下工况二复合地基的抗剪强度最低，为最不利工况，这也与在水位骤升情况下桩体的变形最大相对应。

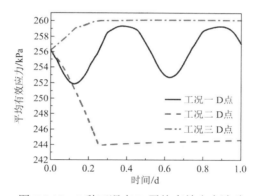

图 5.3-12　3 种工况点 D 平均有效应力波动

5.3.5　桩基的轴力和弯矩

由前面的分析可知，越靠近海域的桩基受到潮水位变化的影响越大，所以本节在上述位移分析的基础上对最靠近海域的 1 号桩进行受力分析，包括轴力分析和弯矩分析。

（1）轴力分析

在 3 种工况作用下 1 号桩桩身所受到的轴力分布如图 5.3-13、图 5.3-14 所示。从图 5.3-13 中可以看出，工况一作用下 1 个周期内（$1T$），桩身所受到轴力的分布最大值位于桩体中部（负号表示受压），在未施加潮汐作用时，桩身受到外部荷载所产生的轴力最大值为 73.95kN/m（单位的含义为沿桩体平面外方向单位长度所受的力，下同）；在 $T/4$ 时轴力的最大值减小到 67.33kN/m，分布位置仍为桩身中部，说明在 $0\sim T/4$ 这个过程中桩土之间发生了相对位移且桩相对于土下沉；在 $T/2$ 时轴力的最大值增加到 73.97kN/m，分布位置仍为桩身中部，基本和初始值相同，说明在 $T/4\sim T/2$ 这个过程中桩土之间又发生了相对位移，桩相对于土上浮；在 $3T/4$ 时轴力的最大值继续增加到 78.72kN/m，分布位置仍为桩身中部，

说明在 $T/2 \sim 3T/4$ 这个过程中桩土之间继续发生了相对位移，且桩相对于土上浮；在 $1T$ 时轴力的最大值减小到 75.10kN/m，分布位置仍为桩身中部，说明在 $3T/4 \sim T$ 这个过程中桩土之间发生相对位移，且桩相对于土下沉；1 个周期结束后，桩身最大轴力的分布在数值上虽然不完全相等，但是相差不大，可认为桩基和土基本上回到了初始应力状态。

工况二作用下 1 号桩桩身的轴力分布如图 5.3-14 所示。由图可知，在水位上升的前 $T/2$ 内桩身轴力最大值随着水位上升呈减小趋势，由 73.95kN/m 降低到 55.83kN/m。这表明，在 $0 \sim T/2$ 的时间段内，桩基整体相对于土下沉；在后续的 $3T/2$ 个周期，由于水位保持在最高水位不再变化，所以轴力也基本上保持不变，最终在 $2T$ 时的轴力最大值为 56.89kN/m。

工况三作用下 1 号桩桩身的轴力分布如图 5.3-14 所示，由图可知，在水位下降的前 $T/2$ 内桩身轴力的最大值随着水位的下降呈增大趋势，由 73.95kN/m 降低到 78.99kN/m。这表明在 $0 \sim T/2$ 的时间段内，桩基整体相对于土上升；在后续的 $3T/2$ 个周期，由于水位保持在最低水位不再变化，所以轴力也基本上保持不变，最终在 $2T$ 时的轴力最大值为 79.00kN/m。

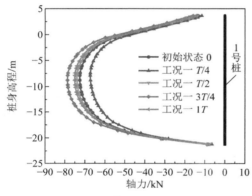

图 5.3-13　工况一作用下 1 个周期内 1 号桩桩身轴力分布

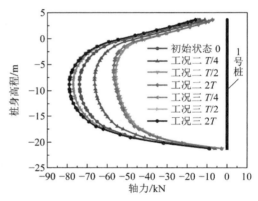

图 5.3-14　工况二和工况三 1d 内 1 号桩桩身轴力分布

图 5.3-15 为 3 种工况作用下轴力最大处截面中的轴力时程变化图，可以看出，在上述 3 种工况下，轴力的最大值仅为 79kN/m。由于 C15 混凝土的抗压强度标准值为 7.2MPa，又因为将混凝土桩群换算成正方形排布后，桩间距为 1.5m，所以在平面外方向单位长度内只有 1 根桩。因此，桩身受到的最大压应力为：

$$\sigma_{\text{cmax}} = F_{\text{c}}/(\pi r^2) = 79/(3.1416 \times 0.2 \times 0.2) = 629\text{kPa} \tag{5.3-1}$$

由上式可知，3 种工况下桩身所受到的压应力最大值为 629kPa，远小于抗压强度标准值 7.2MPa，所以素混凝土桩基没有被压裂的风险。

（2）弯矩分析

在 3 种工况作用下 1 号桩桩身所受到的弯矩分布如图 5.3-16、图 5.3-17 所示。从图中可以看出，工况一作用下 1 个周期内（$1T$），桩身所受到的弯矩分布的最大值位于桩体下部（包络线所在一侧表示此侧受到的是拉应力），在未施加潮汐作用时，桩身受到的外部荷载所产生的弯矩的最大值为 2.185(kN·m)/m（第二个长度单位的含义为沿桩体平面外方向单位长度，整个单位表示在平面外方向单位长度所受的弯矩，下同）；在 $T/4$ 时弯矩的最大值减小到 2.182(kN·m)/m，分布位置仍为桩身下部，和初始位置相同，说明在 $0\sim T/4$ 这个过程中桩向远离海域的方向移动，桩身截面受到的最大拉应力减小；在 $T/2$ 时弯矩的最大值增加到 2.188(kN·m)/m，分布位置仍为桩身下部，基本和初始值相同，说明在 $T/4\sim T/2$ 这个过程中桩向靠近海域的方向移动，桩身截面受到的最大拉应力增大；在 $3T/4$ 时弯矩的最大值继续增加到 2.193(kN·m)/m，分布位置仍为桩身下部，说明在 $T/2\sim 3T/4$ 这个过程中桩继续向靠近海域的方向移动，桩身截面受到的拉应力继续增大；在 $1T$ 时弯矩的最大值减小到 2.187(kN·m)/m，分布位置仍为桩身下部，说明在 $3T/4\sim T$ 这个过程中桩向远离海域的方向移动，且桩身截面受到的拉应力减小；1 个周期结束后，桩身最大弯矩的分布在数值上虽然不完全相等，但是相差不大，可认为桩基和土基本上回到了初始应力状态。

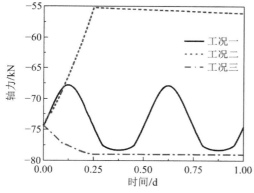

图 5.3-15　3 种工况作用下轴力最大值
时程曲线

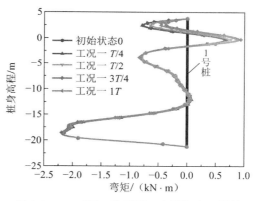

图 5.3-16　工况一作用下 1 个周期内 1 号桩
桩身弯矩分布

　　工况二作用下 1 号桩桩身的弯矩分布如图 5.3-17 所示。由图可知，在水位上升的前 $T/2$ 内桩身弯矩最大值随着水位的上升呈减小趋势，由 2.185(kN·m)/m 降低到 2.175(kN·m)/m。这表明在 $0\sim T/2$ 的时间段内，桩沿着远离海域的方向移动，桩身截面受到的最大拉应力减小；在后续的 $3T/2$ 个周期，由于水位保持在最高水位不再变化，所以弯矩也基本上保持不变，最终在 $2T$ 时的弯矩最大值为 2.176(kN·m)/m。

　　工况三作用下 1 号桩桩身的弯矩分布如图 5.3-17 所示。由图可知，在水位下降的前 $T/2$ 内桩身弯矩的最大值随着水位下降呈增加趋势，由 2.185(kN·m)/m 增加到 2.197(kN·m)/m。这表明在 $0\sim T/2$ 的时间段内，桩沿着靠近海域的方向移动，桩身截面受到的最大拉应力增大；在后续的 $3T/2$ 个周期，由于水位保持在最低水位不再变化，所以弯矩也基本上保持不变，最终在 $2T$ 时的弯矩最大值为 2.195(kN·m)/m。

　　图 5.3-18 为 3 种工况下轴力最大处截面中的弯矩时程变化图。从图中可以看出，在上述 3 种工况下，由于 C15 混凝土的抗拉强度标准值为 0.91MPa，而上述 3 种工况下，弯矩

的最大值仅为 2.197(kN·m)/m，又因为将混凝土桩群换算成正方形排布后，桩间距为 1.5m，所以在平面外方向单位长度内只有 1 根桩。因此，桩身受到的最大拉应力为：

$$\sigma_{\text{fmax}} = M_{\text{max}}/W_z = 2.197/(3.1416 \times 0.4 \times 0.4 \times 0.4/32) = 350\text{kPa} \qquad (5.3-2)$$

由上式可知，3 种工况下桩身所受到的拉应力最大值为 350kPa，小于抗拉强度标准值 0.9MPa，所以素混凝土桩基没有被拉裂的风险。

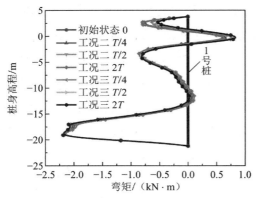

图 5.3-17 工况二和工况三 1d 内 1 号桩桩身弯矩分布

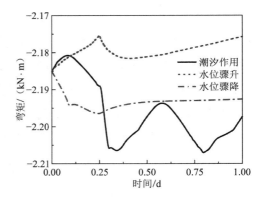

图 5.3-18 3 种工况下弯矩最大值时程曲线

5.4 结论与对策

考虑到软基层厚度较深和道路离海域较近，软基处理后易受到潮水位变化的影响，因此针对软弱地基土层进行了有限元建模，针对 3 种典型工况开展了潮水位变化对素混凝土桩复合地基工作性能的影响研究，主要结论汇总如下：

通过数值模拟，探究了循环潮汐作用、水位骤升后保持和水位骤降后保持 3 种工况下复合地基的变形规律。由于水位骤升工况下海水位上升幅度最大且复合地基最右侧离围堤最近，复合地基桩基近海侧变形最大，为 3 种工况中的最不利工况。

3 种工况下，复合地基中最右侧 1 号桩（近海）和最左侧 21 号桩的相对位移较小，复合地基上部结构物发生倾斜、挤压、拉裂等病害的风险较小。桩体变形的最大值出现在近海侧 1 号桩，其上部穿过渗透系数大的吹填土层，在地下水渗流的影响下可能会导致桩体发生较大水平位移而倾斜。

当潮水位呈简谐振动变化时，复合地基孔隙水压力也呈相同周期的简谐波动，但存在一定程度的滞后。当水位骤升（骤降）后保持时，孔隙水压力也先骤升（骤降）后基本保持不变。复合地基各处平均有效应力与孔隙水压力的变化趋势相对应，呈现出此消彼长的变化规律。

在 3 种工况下，对 1 号桩的轴力和弯矩进行了分析。发现相比于未受潮汐水位变化的初始状态，3 种工况下轴力和弯矩的变化都较小，也就是说 3 种潮水位的变化对素混凝土桩复合地基的受力几乎没有影响。对此过程中桩身所受的最大轴力和弯矩进行验算，发现在最大轴力截面所受的最大压应力远小于 C15 混凝土的抗压强度设计值，在最大弯矩截面所受的最大拉应力也小于 C15 混凝土的抗拉强度设计值。由此认定素混凝土桩在潮水位变化的 3 种工况下没有被压裂和拉裂的风险。

综上所述，实际的潮汐作用对素混凝土桩复合地基几乎没有影响，可以不采取其他防护措施，但当出现模拟中的极端风暴潮的情况时，水位骤升还是会对桩基产生一定程度的影响，可以选择在围堤靠陆地一侧的上部吹填土部分修建一定厚度和深度的防渗墙来减小风暴潮的影响，或者对围堤部分的地基进行一定的加固处理。

第 6 章

素混凝土桩复合地基影响
及其对策总结

通过以上针对滨海新近吹填区现状道路两侧大面积软基处理、基坑开挖、重载交通和潮汐变化对素混凝土刚性桩复合地基的环境影响研究，获得以下主要结论：

（1）对既有素混凝土桩复合路基道路一侧进行真空预压处理时，引起近邻复合地基产生不均匀沉降主要因素有两类：首先真空预压会导致被处理区土体产生收缩，其侧向变形量在边缘处最大，从而引起路侧结构与土体沿道路纵向受拉开裂；其次，抽真空过程会引起复合地基下的地下水位下降，越靠近真空预压区地下水下降越多，有效应力增大，引起道路横断面上出现不均匀沉降，这种现象随着地层渗透系数增大而更加显著。

（2）真空预压场地处理会对素混凝土桩复合地基造成不良影响，当控制场地处理边界距离路基边缘 25m 以上时效果很好，能够同时控制路基变形和降低边桩受力，当真空预压处理边界距离道路边缘超过 25m 时，复合地基受到的影响可以忽略不计；在道路范围内先进行真空预压处理，再施工素混凝土复合地基，可以极大地减小复合地基的工后沉降和路基外过渡区的沉降差，路面开裂会显著减少，而且道路范围场地处理还会大大减小桩受到的弯矩和剪力（接近 0）；调整排水板的长度由 25m 减小到 15m 时，边桩的侧向位移降低 63%，边桩中下部的弯矩明显减小，但桩的最大弯矩受到的影响较小。

（3）加强路侧支护是对道路保护的有效措施之一，具体表现为：①从支护材料上看，钢混支护效果明显比水泥土更优，当路基边缘有水泥土支护结构时，群桩中的最大弯矩出现在邻近场地处理一侧，而钢混支护下，最大弯矩则出现在远离地基处理一侧。钢混支护对侧向位移和弯矩的控制效果均比水泥土更好，尤其是可以降低群桩最大弯矩。②从支护位置上来看，支护结构布置在过渡区的邻桩侧均比布置在过渡区的邻排水板侧对侧向位移和弯矩控制效果好。双侧钢混支护比单侧支护位移小，但效果不明显。③从支护宽度上看，钢混支护 0.6m 和 1.2m 间距对侧向位移影响不大，但与无支护工况相比，钢混支护下边桩弯曲程度明显降低。④从支护深度上来看，15m 钢混支护下的边桩弯矩远大于 25m 支护工况，因此必须保证支护结构有足够的深度，支护结构深度不宜小于复合地基桩深。⑤侧向支护＋锚固的复合方式布置在过渡区邻桩侧对于水泥土搅拌桩有一定效果，但是对于钢混支护则效果较差。

（4）基坑开挖深度对素混凝土桩的影响较大，其内力和位移均随着基坑开挖深度的增大而增大；不同开挖工期对素混凝土桩的内力有较明显的影响，而对于水平位移则影响不大，但竖向位移有随开挖工期延长而不断增加的趋势；不同放坡比下桩体内力和位移均反应较小，无明显变化；与隔离墙的不同距离对桩体的内力影响较大，但位移则无明显变化；前支撑不同深度下，桩体剪力和弯矩均随前支撑深度增加而不断减小，前支撑对于隔离基坑开挖对素混凝土桩影响有一定效果。

（5）航空城丹凤四路基坑开挖监测结果表明：超过 4m 的基坑采用放坡开挖方式，会对基坑外侧素混凝土桩复合地基产生严重影响。基坑开挖至底部时，在基坑边缘有建材堆载和土方车辆通行状态下，路面出现长 3~67m、宽 0~9cm 的纵向裂缝，并在地下室施工期间仍在不断发展，严重威胁道路安全。

（6）不同开挖速度对桩的水平位移影响较小，仅对桩上半部分有较大影响，而对桩体的受力有相对较大影响，且开挖时间越短，其产生弯矩越大。只有当隔离墙位置处于14m以下时才能起到对素混凝土桩的稳固作用，且有无隔离墙在开挖过程中的影响变化较大。

（7）通过观测本区域某道路地表裂缝开展的形态，结合现场工程实际情况和监测数据，分析道路裂缝的形成诱因包括：①基坑开挖影响：基坑开挖导致路基下土体失去侧向约束，致使道路侧土体发生较大位移变形，特别是基坑出土口便道的土方开挖，开挖后形成临空面并未及时进行支护，导致路面水平位移明显，产生较宽裂缝；②重载车辆动静载反复作用：大型工程车辆（土方车、混凝土罐车、挖机、起重机等振动荷载）频繁出入，荷载集中作用在边坡顶处，加剧了基坑位移变形，诱发道路裂缝开展；③坡顶堆载持续作用：基坑边坡顶道路侧有大量堆载（钢管脚手架、钢筋、木方等），增大了边坡的滑动力矩，不利于边坡稳定，导致边坡位移增大，可能诱发道路裂缝开展；④土体物理力学特性差：道路北侧基坑边坡为软土，土体的抗剪强度和刚度较小，容易产生较大变形。

通过以上研究，拟提出以下降低环境影响的对策，保障场地开发期间的道路安全稳定：

（1）新近完成吹填的场地不宜立即进行软基处理，建议滨海商务区市政配套工程三期道路和地块软基一并处理，整体性好，可大幅降低道路工后沉降、减少路面开裂等病害问题，减少后期病害处置成本。

（2）吹填区内地块真空预压对素混凝土桩复合路基的影响范围约25m。当地块真空预压处理距离路基大于25m时，方可谨慎采取不支护或弱支护，但应做好止水帷幕。

（3）当复合地基道路位于真空预压或者基坑开挖的影响范围内时，宜在过渡区采用地下连续墙等具有较大侧向刚度的隔离措施，不建议采用水泥土搅拌桩作为复合地基保护措施。

（4）真空预压区的密封墙深度应根据基坑的环境等级进行布设，等级低的密封墙深度能够保持膜下真空度即可；而对紧邻复合地基等环境等级高的地块宜加深至排水板底部，以降低真空预压对复合地基地下水的影响。也可采用兼具密封性和较大刚度的塑性混凝土替代常规的黏土密封墙，达到密封、止水和控制变形的目的。

（5）吹填区内现状道路周边地块的基坑不宜采用放坡开挖方式，应采用水泥土墙、地下连续墙、斜抛撑、内支撑等方式或者多种措施组合，并做好止水帷幕；放坡开挖最大深度应由稳定性和变形控制要求确定且不宜超过3m，开挖的坡面应及时进行挂网喷锚，对于蠕变效应明显的土层，基坑放坡开挖的速度不宜过慢；基坑坡顶道路应禁止或限制重载车辆、材料堆载，减小对既有素混凝土桩复合地基道路的不利影响。

（6）针对拟采用放坡开挖的基坑，建议采用如下措施减小对复合地基道路的影响：①加快施工进度，在靠近复合地基道路侧的建筑优先施工，具备回填条件时及时回填；②加强出土口坡面加固措施，尽快进行坡面挂网喷混凝土，在坡面加固前，可以进行坡面反压；

③若开挖过程中发现路面开裂，应及时对裂缝进行封闭，待建筑基坑回填完成后再研究处理方案；④严格限制建筑基坑边坡顶道路堆载和限制大型机械车辆在坡顶范围出入和停留；⑤放坡开挖基坑应重点验算在出土口有不利荷载时的整体稳定性，确保基坑边坡稳定性。

（7）吹填区深厚软土道路的复合地基边缘宜采取提高地基侧向变形能力的措施，在论证合理的情况下可以将边缘若干排桩桩顶相互连接，或者利用桩顶区域下的硬化土层来锚固边缘桩体等方式进行复合地基加固。

（8）在滨海商务区已进行真空预压处理的海堤防浪墙附近的市政道路若进行软基处理时，应加强软基处理方案比选，尽量避免选择刚性桩处理方案。

（9）在场地软基处理施工过程中，建议安装智能监控系统进行施工全过程监控，监测应由第三方执行并对该区域已竣工的市政道路进行长期沉降观测。

参考文献

[1] 王文韬. 深基坑开挖支护过程对临近城市道路路基变形的影响研究[D]. 长沙: 长沙理工大学, 2016.

[2] 刘国彬, 王卫东. 基坑工程手册[M]. 2 版. 北京: 中国建筑工业出版社, 2008.

[3] 郑刚, 周海祚. 复合地基极限承载力与稳定研究进展[J]. 天津大学学报(自然科学与工程技术版), 2020, 53(7): 661-673.

[4] 杜金龙, 杨敏. 软土基坑开挖对邻近桩基影响的时效分析[J]. 岩土工程学报, 2008, 30(7): 1038-1043.

[5] 王连俊, 朱孝笑, 张光宗.济南西客站站房基坑工程降水对京沪高铁路基沉降影响分析[J]. 工程地质学报, 2012, 20(3): 459-465.

[6] 李连祥, 陈天宇, 白璐, 等. 基坑开挖对既有复合地基单桩的位移性状影响分析[J]. 西安建筑科技大学学报(自然科学版), 2019, 51(4): 486-492.

[7] 梁发云, 韩杰, 李镜培. 基坑开挖引起的土体水平位移对单桩性状影响分析[J]. 岩土工程学报, 2008, 30(S1): 260-265.

[8] 郑刚, 郭知一, 杨新煜, 等. 桩体刚度对复合地基支承路堤失稳破坏模式的影响研究[J]. 岩土工程学报, 2019, 41(S1): 49-52.

[9] 顾行文, 谭祥韶, 黄炜旺, 等. 倾斜软土 CFG 桩复合地基上的路堤破坏模式研究[J]. 岩土工程学报, 2017(S1): 111-115.

[10] 任延寿, 刘天韵, 陈智军. 真空预压法在某软基加固工程中对邻近地基的影响[J]. 中国港湾建设, 2019, 39(8): 32-35.

[11] 于志强, 朱耀庭, 喻志发. 真空预压法加固软土地基的影响区分析[J]. 中国港湾建设, 2001(1): 26-30.

[12] 陈兰云, 朱建才. 真空预压影响区安全措施有限元分析[J]. 岩石力学与工程学报, 2005, 24(S2): 5712-5715.

[13] 艾英钵. 真空预压对周围环境影响的试验研究及计算分析[D]. 南京: 河海大学, 2006.

[14] 陈军红. 真空预压加固机理与影响区域的研究[D]. 长春: 吉林大学, 2007.

[15] 蔡南树, 董志良, 张功新, 等. 真空预压加固吹填土地基对周边环境的影响[J]. 中国港湾建设, 2008(6): 20-23.

[16] 董志良, 胡利文, 赵维军, 等. 真空预压对周围环境的影响及其防护措施[J]. 水运工程, 2005(9): 96-100.

[17] 李牧野, 张立明. 真空预压地基处理对邻近桩基的应力影响分析[J]. 中国水运, 2018, 18(1):

216-218.

[18] 艾英钵, 蔡南树, 柯朝辉. 减小真空预压区外土体侧向变形的措施[J]. 河海大学学报: 自然科学版, 2007, 35(6): 686-689.

[19] 金小荣, 俞建霖, 龚晓南. 真空预压的环境效应及其防治方法的试验研究[J]. 岩土力学, 2008(4): 1093-1096+1102+6.

[20] 袁枚, 武亚军, 于波, 等. 真空预压施工对既有路基影响监测和数值模拟[J]. 中外公路, 2015, 35(1): 23-27.

[21] 方国庆. 真空堆载联合预压法试验研究及其对桥桩影响分析[D]. 南京: 河海大学, 2007.

[22] 住房和城乡建设部. 建筑地基处理技术规范: JGJ 79—2012[S]. 北京: 中国建筑工业出版社, 2013.

[23] 珠海市建设工程质量监督检测站. 珠海市软土分布区工程建设指引[M]. 北京: 中国建筑工业出版社, 2010.

[24] 余旭, 邹燕. 基坑开挖对临近建筑物 CFG 桩复合地基的影响分析[J]. 安徽建筑大学学报, 2015, 23(5): 16-21.

[25] 乔京生, 赵晓波, 杨秀敏, 等. 堆载作用对邻近 CFG 桩复合地基影响的数值模拟研究[J]. 唐山学院学报, 2012, 25(3): 53-56.

[26] 李连祥, 白璐, 陈天宇, 等. 复合地基与临近基坑支护结构之间距离影响规律[J]. 山东大学学报（工学版）, 2019, 49(3): 63-72.

[27] 王乾坤, 徐国宾, 王传宏. 水域水位变化对邻近复合地基支承路堤稳定性的影响研究[J]. 水资源与水工程学报, 2020, 31(1): 216-220.

[28] 李连祥, 陈天宇, 白璐, 等. 基坑开挖对既有复合地基单桩的位移性状影响分析[J]. 西安建筑科技大学学报（自然科学版）, 2019, 51(4): 486-492.

[29] 邓学钧. 车辆-地面结构系统动力学研究[J]. 东南大学学报（自然科学版）, 2002, 32(3): 474-479.

[30] 吕玺琳, 方航, 张甲峰. 循环交通荷载下软土路基长期沉降理论解[J]. 岩土力学, 2016, 37(S1): 435-440.

[31] 陈仁朋, 陈金苗, 汪焱卫, 等. 桩网结构路基应力传递特性及累积沉降规律[J]. 土木工程学报, 2015, 48(S2): 241-245.

[32] 贺林林, 王元战. 饱和软黏土循环累积变形简化计算方法研究[J]. 水利学报, 2015(S1): 183-187.

[33] 严敏, 李波, 李炜. 循环荷载下单桩-土-桩帽共同作用分析[J]. 长江科学院院报, 2015, 32(12): 76-81.

[34] VAN EEKELEN S J M, BEZUIJEN A, VAN DUIJNEN P, et al. Piled embankments using geosynthetic reinforcement in the Netherlands: design, monitoring & evaluation[C]//Proceedings of the 17th International Conference on Soil Mechanics and Geotechnical Engineering: The

Academia and Practice of Geotechnical Engineering. 2009: 1690-1693.

[35] L E BLANC C, HOULSBY G T, BYRNE B W. Response of Stiff Piles in Sand to Long-Term Cyclic Lateral Loading[J]. Géotechnique, 2010, 60(2): 79-90.

[36] H YODO M, YASUHARA K, MURATA H. Deformation analysis of the soft clay foundation of low embankment road under traffic loading[C]//Proceeding of the 31st Symposium of Japanese Society of Soil Mechanics and Foundation Engineering, 1996.

[37] 赵莹, 商拥辉. 高铁列车动载作用下路基动力特性及累积变形规律研究[J]. 铁道标准设计, 2017, 61(7): 56-61.

[38] 朱斌, 任宇, 陈仁朋, 等. 竖向下压循环荷载作用下单桩承载力及累积沉降特性模型试验研究[J]. 岩土工程学报, 2009, 31(2): 186-193.

[39] 白顺果, 侯永峰, 张鸿儒, 等. 循环荷载作用下水泥土桩复合地基模型试验研究[J]. 岩土力学, 2006, 27(S2): 1017-1020.

[40] 刘杰, 肖佳兴, 何杰. 循环荷载下圆柱形桩与楔形桩复合地基工作性状对比试验研究[J]. 岩土力学, 2014, 35(3): 631-636.

[41] 张崇磊, 蒋关鲁, 袁胜洋, 等. 循环荷载下桩网结构路基和垫层动力响应研究[J]. 岩土力学, 2014, 35(6): 1664-1670.

[42] 胡娟, 宋一凡, 贺拴海. 静载及循环荷载下砂土中复合桩基承载特性模型试验研究[J]. 大连理工大学学报, 2015, 55(3): 305-311.

[43] 郭鹏飞, 王旭, 杨龙才, 等. 长期竖向循环荷载作用下黄土中单桩沉降特性模型试验研究[J]. 岩土工程学报, 2015(3): 551-558.

[44] 魏星, 黄茂松. 交通荷载作用下公路软土地基长期沉降的计算[J]. 岩土力学, 2009, 30(11): 3342-3346.

[45] 李西斌, 吴金耀, 齐锋. 高速列车荷载下桩承加筋路堤荷载传递机制数值分析[J]. 土木工程学报, 2011, 44(S2): 55-59.

[46] 李西斌, 吴金耀. 高速列车荷载下桩承加筋路堤变形机制数值分析[J]. 岩土工程学报, 2011, 33(S2): 232-237.

[47] 张锋, 林波, 冯德成, 等. 季节冻土区长期交通荷载下公路路基永久变形特性[J]. 哈尔滨工业大学学报, 2017, 49(3): 120-126.

[48] 梅英宝, 朱向荣, 吕凡任. 交通荷载作用下道路与软土地基弹塑性变形分析[J]. 浙江大学学报: 工学版, 2005, 39(7): 997-1002.

[49] 赖汉江, 郑俊杰, 崔明娟. 循环荷载下低填方桩承式路堤动力响应分析[J]. 岩土力学, 2015, 36(11): 3252-3258.

[50] 左殿军, 陈龙, 田志伟, 等. 双向循环荷载作用下码头群桩基础受力特性数值分析[J]. 岩土工程学报, 2015, 37(S1): 51-55.

[51] 马霄, 钱建固, 韩黎明, 等. 交通动载下路基长期运营沉降等效有限元分析[J]. 岩土工程学

报, 2013, 35(S2): 910-913.

[52] 黄鸿强. 灾害社会工作在台风防灾减灾救灾中的探索研究——以广东省中山市为例[D]. 南昌: 江西师范大学, 2018.

[53] 刘睿哲. 珠江河口地区风暴潮增水过程数值模拟[D]. 广州: 中山大学, 2018.

[54] 付丛生, 陈建耀, 曾松青, 等. 滨海地区潮汐对地下水位变化影响的统计学分析[J]. 水利学报, 2008, 39(12): 1365-1376.

[55] 周训, 阮传侠, 方斌, 等. 海潮及滨海含水层地下水位变化的拟合与预测[J]. 勘察科学技术, 2006(1): 10-14.

[56] 苏乔, 徐兴永, 陈广泉, 等. 潮汐作用影响下滨海地区地下水位的变化频率和滞后性[J]. 海洋开发与管理, 2018(10): 79-83.

[57] 王立忠. 钱塘江古海塘破坏机理研究[D]. 杭州: 浙江大学, 2012.

[58] 何岩雨. 潮汐作用影响下的海滩风沙运动过程研究[D]. 福州: 福州大学, 2017.

[59] 王超月. 潮汐和海浪引起的海岸带含水层地下水动态研究[D]. 武汉: 中国地质大学, 2016.

[60] NIELSEN P. Tidal dynamics of the water table in beaches[J]. Water resources research, 1990, 26: 2127-2134.

[61] TOWNLEY L R. The response of aquifers to periodic forcing[J]. Advances in Water Resources, 1995, 18(3): 125-146.

[62] NIELSEN P, ASEERVATHAM R, FENTON J D, et al. Groundwater waves in aquifers of intermediate depths[J]. Advances in Water Resources, 1997, 20(1): 37-43.

[63] TEO H T, JENG D S, SEYMOUR B R, et al. A new analytical solution for water table fluctuations in coastal aquifers with sloping beaches[J]. Advances in Water Resources, 2003, 26(12): 1239-1247.

[64] XIA Y, LI H, BOUFADEL M C, et al. Tidal wave propagation in a coastal aquifer: Effects of leakages through its submarine outlet-capping and offshore roof [J]. Journal of Hydrology, 2007, 337(3-4): 249-257.

[65] TREFRY M G, MC LAUGHLIN D, LESTER D R, et al. Stochastic relationships for periodic responses in randomly heterogeneous aquifers[J]. Water Resources Research, 2011, 47.

[66] DONG L, CHEN J, FU C, et al. Analysis of groundwater-level fluctuation in a coastal confined aquifer induced by sea-level variation[J]. Hydrogeology Journal, 2012, 20(4): 719-726.

[67] LI H, BOUFADEL M C. Long-term persistence of oil from the Exxon Valdez spill in two-layer beaches[J]. Nature Geoscience, 2010, 3(2): 96-99.

[68] XIA Y Q, LI H L. A combined field and modeling study of groundwater flow in a tidal marsh[J]. Hydrology and Earth System Sciences, 2012, 16(3): 741-759.

[69] 单慧洁. 温州近海建设工程环境影响潮汐潮流数值模拟[D]. 宁波: 宁波大学, 2019.

[70] 陈娟，庄水英，李凌. 潮汐对地下水波动影响的数值模拟[J]. 水利学报，2006, 37(5): 630-633.

[71] 向先超，侯剑舒，朱长歧. 潮汐作用下淤泥路基固结变形特性研究[J]. 岩土力学，2009, 30(4): 1142-1146.

[72] 陈从睿. 潮汐作用下围堰与支护结构受力特性研究[D]. 成都：西南交通大学，2013.

[73] 寇强. 潮汐动力作用下深大基坑渗流场演化特征及支护对策研究[D]. 济南：山东大学，2016.

[74] 朱子睿，钱坤林，初相如，等. 潮汐作用对暗埋段道路基坑支护的影响研究[J]. 中国水运，2021(12): 139-141.

[75] 詹书瑞，张金玉，楚晋阳. 海域高速公路围堰填筑及堰体防渗层施工技术研究[J]. 公路交通技术，2021, 37(1): 66-72.

[76] 王文良，王晓谋，马溪. 地下水对黄土群桩基础影响的试验研究[J]. 中国公路学报，2015, 28(9): 16-23.